郭家齊——著

站高一點，擁抱職場新視野

至少努力當上主管一次吧

目次

CONTENTS

各界重磅推薦 011

推薦序 職場路上的最佳導航！ 葉丙成 014

自序 從老闆的視角，爲自己爭取更多機會 017

第一章 普通上班族攀爬職場金字塔的路徑

1-1／爬上職場金字塔的祕密——三大方法大公開 025

方法一：尋找有老闆思維的工作

方法二：自行創業

方法三：加入新創公司

如果你現在位於公司基層

1-2／不需要阿諛奉承，但得學會向上管理 032

向上管理的第一課：不斷回報，讓主管放心
尊重自己的專業，但也尊重主管的判斷
向上管理的同時，如何不成為同儕的眼中釘

1-3／人生至少努力當上主管一次 039
主管能擁有更廣闊的職涯視野
主管通常擁有更好的薪資報酬
主管位置是靠自己爭取來的

1-4／養大自己的舒適圈 046
舒適圈是動態的，可以變動調整大小
舒適來自於不斷地重複練習
逼自己離開舒適圈，你才能成長

1-5／A級見解，常來自於你與眾不同的背景 053
成為那個與眾不同的人
嘗試進入一個不屬於你的環境
你可以在不同領域切換

1-6／讓自己被看見，並且挺身而出　060
建立「做十分、說十分」的好習慣
離開「論資排輩」的環境，別讓別人限制你的發展

第二章　年輕人該以什麼心態闖蕩職場

2-1／別把薪水當成全部　069
公司薪水是怎麼決定的？
起薪不是重點，發展性才是
其實錢也不是一切
如何辨識工作的發展性？

2-2／職場不是學校，沒人眞的有義務教你　079
老闆要的是即戰力，供你學習只是順便而已
職場打的是團體戰，不盡力就會馬上黑掉
你必須爲公司產生多出薪資數倍的效益
用力請教，當個不怕麻煩別人的人

2-3／把握職涯每個彎道超車的機會　086
聰明選擇公司和職務，是超車的第一步
你不超車，就等著被超車
超車的感覺，很快活
當機會來臨，準備好當仁不讓的勇氣

2-4／設定未來十年的自己　095
多數人沒想過未來十年的問題，甚至連明年做什麼都不知道
以樂觀的態度看待未來
從未來目標，反推自己現在該有的作為

2-5／別急著學別人，建立自己的職場風格　103
別讓性格阻礙你的職涯發展
標籤是自己貼上去的
參考別人的方法，但更要學習心法
我在別人眼中是什麼樣的人？多聽真話

第三章　修練職場軟技能，放大硬實力

3-1／好的職場人際關係是大大加分　113
把茶水間閒聊當正事看待
點頭之交是你最強的人脈圈
在產業圈建立好名聲

3-2／生命中遇見好的職場導師　121
最少該有兩、三位職場導師
如何找到職場導師？
有天，你也可以成爲他人的職場導師

3-3／學習曲線趨緩很正常，請不要輕易放棄　128
努力在工作中橫向學習
定期盤點自己的實力
遭遇重大瓶頸時，不妨去上課

3-4／未來職場一定會與現在大不同　136

對高重複性工作充滿危機意識
十年後的職場一定和現在大不同
當環境改變時，你能夠快速學習嗎？
3-5／不用創業，但要有創業家精神 143
如何克服組織慣性？
人生不妨加入新創公司一回
帶著創業家的方法做事
3-6／當個使命必達的人 152
存好自己的信用存摺
學會領導前，先學好當他人的左右手
最高招的是懂得透過察顏觀色，完成老闆的目標

第四章 看懂職場生存邏輯

4-1／你想的總和老闆不一樣 161

員工總想著把事情做好，老闆想的卻是最大化效益
員工想著薪水、福利，老闆看的是成本、獲利
員工想著趕快下班，老闆颱風天也想上班
員工上班像在打棒球，老闆卻期望你像打籃球

4-2／平衡不了的！別再想著生活和工作的平衡　170
想比別人傑出，就該付出更多
不一定要加班，但該為自己的職涯付出
生活和工作本來就無法平衡，但可以融合

4-3／公司需要的是A級人才，你是嗎？　178
你是人才還是人力？
為什麼調薪升官總不是我？
公司每個階段需要不同人才，調整自己符合公司當下的需求

4-4／學歷只是職場的第一張門票　186
為什麼這麼多老闆重視學歷？
如果你有好學歷，請善用它的優勢
沒有好學歷，就用好的工作態度補足

4-5／少了名片的那天，你是誰？　193
看到垃圾桶中成堆自己的名片，你會懷疑人生嗎？
當光環褪去，只有能力帶得走
隨時準備好，這一天隨時會來

第五章　修練面對困境與危機的心態

5-1／把握可以犯錯的蜜月期　201
「少做少錯」是高成就的絕緣體
把握每次轉職短短的蜜月期
當個可以包容錯誤的主管

5-2／當別人說你不夠好　208
用健康的心態面對批評，別讓血壓上升
將酸言酸語轉化成努力的動力
把自信建立在自己身上，而不是別人的看法

5-3／走出工作的逆境　216

尋找有用的第三方意見

懷才不遇是常態，努力也不一定會成功

走出谷底，比的是誰的氣長和意志力強

5-4／出現這些訊號，也許你該換個工作　225

當公司快撞上冰山，該趕快跳船嗎？

跟上錯老闆，能逃就快逃

問題多半在自己，換到哪裡都一樣

5-5／每個經歷都是未來的種子　232

爲自己的未來種下種子

職場不公平，但每天都可以讓自己變得更好

回到初心，有時候要「相信」，才會「看到」

各界重磅推薦

同爲土木人出身，卻在其他跑道發光發亮。我十分同意書中談到「不同背景是個優勢」。當然，該如何累積才足以發光發亮？本書給了正在奮鬥中的年輕人許多方向。書中提到的許多觀點，我不只深表認同，也認爲是影響我成爲現在的我的重要關鍵。像是設定未來十年、永遠持續學習、帶著創業家精神、成爲與眾不同的人，以及每個經歷都是未來的種子。在本書中，我似乎看到年輕時的自己！只可惜當時沒有這本好書，否則一定可以減少我許多摸索的時間。

福哥向大家誠摯推薦。

——王永福／頂尖企業簡報與教學教練、暢銷書作家、資訊管理博士臺大EMBA每一班都有安排導師，我們和班上同學有很多互動的機會，家齊是我擔任導師的105C班上第一位出書的。

家齊有很多面向。看起來有些靦腆，是個內向的工程師，但在臉書上的分享卻又天馬行空，充滿想像力。這本書發揮工程師的性格，延續過去幾年家齊在雜誌上的文章，整理出他在職場的觀察與對職場奮鬥者的建議。

這幾年由於社群媒體的興盛，極端的言論很容易輸出被傳統媒體放大，如果在網路上被認定爲「慣老闆的失言」，馬上就會面臨圍攻。相信家齊出這本書，應該也是做好了準備，在書中就寫到：「嗶嗶嗶，怎麼慣老闆的想法再度上身。」不過，只留在舒適圈中，我們是無法成長的。如果你是職場新鮮人，這本書或許你看著不見得舒服，但雖然不舒服，可是如果你願意多想想，那相信能讓你有很大的啓發。

我認爲這本書傳遞了兩個相當重要的職場觀念：換位思考的意願，以及積極主動的態度。

在職場上，我們做任何事如果要有成效，別人怎麼看就是關鍵。如果你能換位思考，做之前先想想老闆會怎麼看、同事會怎麼看，就比較不會走冤枉路，也比較知道該怎麼做。

過去在學校，大家總習慣有題目、有對應的標準答案，但人生不能只是被動地回答別人給的題目，也往往沒有標準答案。希望有了這本書的幫助，你能夠主動找到方向、創造機會，並把握機會，打造自己的人生。

——胡星陽／臺灣大學管理學院院長

推薦序

職場路上的最佳導航！

葉丙成

我們許多人，從小一路唸書到高中、大學畢業，直到進入職場。雖然我們當了十幾二十年的學生，學習如何解國、英、數、自、社的題目，但在「職場」這一塊的學習，卻沒有人眞的教過我們，而我們就要從學校畢業，進入這個對我們來說十分陌生的世界。但是，職場可是我們許多人都要待個差不多三十年的世界呀。如果我們在這個世界裡做得不好、不成功，也過得不快樂，人生通常也不會過得好。

因此，在職場上如何過得好、走得順，是職場路上的每個人都應該知道的。

在職場這個世界，要怎麼想事情才對？要怎麼做事情才對？要怎麼說話才對？要怎麼應對才對？想要成功，該怎麼做才對？想讓公司看到我的價値，該怎麼做才對？要讓主管跟同事都信任我，該怎麼做才對？這些問題，都是在職場生存發展很重要的問題，然而，剛踏出學校的我們，通通都不知道。由於學校老師的專長是在學科專業，對於校外的職場較爲陌生。因此，在學校的期間，我們很難從學校老師身上，得到這些重要的職場智慧。

但是，這些事情不學不行啊！論語說，「不教而殺謂之虐」。如果我們明明知道自己不懂職場這一課，卻就這樣在當中浮沉，那豈不是對自己最大的殘忍？讓自己接下來三十年的人生，在一片茫然下不斷跌跌撞撞，太辛苦了。如果，有人願意將自己因多年來的親身試錯、跌跤、實驗而得到的職場智慧，整理好教會我們，那該有多好！

家齊的這本新書《至少努力當上主管一次吧》，我認爲是對當代職場許多年輕人來說非常珍貴的一本書。

這本書涵蓋了職場新鮮人所有常見的困惑跟誤區，讓剛踏入職場的大家，可以在一片漆黑的茫茫大海，看到一盞指引著我們前進的明燈。由於家齊曾經有過不同的身分：換領域的年輕人、公司裡的基層員工、新創公司創辦人、公司老闆，相較於只有單一身分的作者，他可以告訴你從不同身分（老闆、主管、員工）的視角看事情的差異。當你能掌握從這些不同身分看事情的視角，再搭配家齊在書中揭露的許多祕訣心法，你在職場的發展，將會比其他人多更多成功的機會！

身爲一個創過三個團隊（臺大 Coursera、PaGamO/BoniO Inc.、無界塾）的我，從主管、創辦人、老闆的角度，來看家齊寫給職場上班族的策略，許多觀點都和我多年的觀察非常吻合。這十幾年來，我看到和本書策略有類似做法的夥伴，確實，後來在職場上的發展，都比同儕成功許多！這也是爲什麼有那麼多談職場的書，我最推的是家齊這本。

過去，學校沒有教導我們足夠的職場之道。但不用擔心，有了這本書，現在，我們將更清楚如何在職場走得更成功、更順利！

（本文作者葉丙成爲臺灣大學教授、PaGamO 創辦人）

自序

從老闆的視角，爲自己爭取更多機會

二〇〇〇年時，我從臺大土木系畢業，對於大學時期超認眞讀書的我來說，畢業後才發現，原來自己的興趣不在土木，而是當時正快速起飛的網路產業，覺得實在慌張，害怕自己才沒幾歲，就已經浪費掉四年時間。後來，靠著當兵時自學程式，順利進入史丹佛大學電腦科學研究所，我才意外發現，不同背景是個優勢，負責入學審核的教授告訴我，正是因爲我和其他人不同的土木系經歷，讓我得以進入這所名校。人生，有時候眞的和你想的不一樣。

畢業後，我進入跨國大公司，在職場打滾了一陣，也犯下許多職場新人會犯的錯誤，在和同事、主管的相處中，才明白我錯把公司當成學校的延伸，對於適應職場生活缺乏準備。很多事如果更早知道，可以少走許多冤枉路。

有天，我看著公司組織圖，發現執行長離我足足有七層遠，而且金字塔頂端的高階管理層，幾乎都不是從基層爬上去的，我開始覺得迷失。我已經那麼努力，**但要往上爬，靠的似乎不只是努力**。

二〇〇七年，我再度轉換跑道，和家人一起創業，從工程師變成創業者。哥哥、大嫂、太太和我，四個人組成了一個很強的戰隊。我們用十幾年的時間，創立多家公司。家人兼工作夥伴的強力組合，讓我得以用另一個角色來認識職場。我們創業了很多次，從四人公司到兩百人的公司間，幾次來回切換不同的角色，有時是老闆、有時是實際執行者。去年，我有了一個新的創業想法，我和太太 Kelly，離開了原本的公司，創立了 PopChill 二手精品的新服務。創業很難，每一次創業，我們從零開始，也再度學會了謙卑。

由於長期在老闆和員工的角色間切換，對職場也有了新體悟。過去，身爲員工想不明白的事，現在回過頭看，好多疑問都被解開。原來，過去我沒能弄明白，是因爲始終是由自己的角度看待工作，但是，老闆的視角永遠和員工不一樣。**老闆是台「效益計算機」，看的是投入和產出；員工的角度通常不同，看的是過程和細節**。這也是爲什麼兩者之間永遠那麼難溝通，永遠充滿誤會。

老闆背負著公司盈虧壓力，這是一項如山大的壓力，從員工的角度往往難以理解，難怪有苦勞沒功勞的員工，常認爲自己懷才不遇。其實，職場除了努力，還需要很多軟實力；這些軟實力，可以幫助你的職場生涯過得更順利。它們不一定在工作中可以學習，但你一定得用自己的時間補足這些能力。

學校教育教我們如何當個好學生，卻從來沒教我們怎麼當個好員工。因此，這本書想做到的，是幫助初入職場，或處於職場「前半場」的你，不迷失其中。我想鼓勵你，離開自己的舒適圈：一輩子至少加入一次新創公司、至少爭取當一次主管。沒嘗試過這些，職場生涯眞的有點可惜。我也希望你學會向上管理，不是要你阿諛奉承，但如果不學會向上管理，可能會錯過很多好機會。

終究來說，職場還是一個金字塔，永遠不是重視公平的地方。因此，我很希望帶你認識，如何從老闆的視角，爲自己爭取更多機會。永遠挺身而出、爲自己爭取彎道超車的機會，如果你不這麼做，你的競爭者也會這麼做。

最終，或許你未必能夠到達金字塔頂端，但你一定有能力，讓自己的明天過得比今天更好。

在職場打滾，你的心會累、會倦，也可能像我一樣，遇到很多無法想像的挫折，有些挫折甚至來的莫名其妙。在這些時刻，我希望可以跟你分享我如何得到幫助，以及找到安定身心的力量，讓我得以從黑暗中爬出來。你得相信，**職涯沒有白走的路，每一段經歷，即使再瞎、再無趣，一定都帶有某種意義。**

書中有我的自身經歷，也有我和家人們一起創業的故事。除此之外，也有許多是過去爲了專欄文章，與多位高階主管、創業者進行訪談後，所整理出來的故事。感謝他們不吝嗇的分享人生與職涯經歷，希望這些故事可以帶給你一些啓發。

寫下這本書，是想幫助所有在職場上的你，走到十年後你想到達的任何地方，無論那是什麼，都深深祝福你。

第一章

普通上班族攀爬
職場金字塔的路徑

1-1 爬上職場金字塔的祕密——三大方法大公開

剛進入大公司時，我發現公司後台有個有趣的小工具，可以查看整個公司的組織圖。五萬多人的大公司，我在最底層，離最頂端的執行長，足足有七層遠。我開始想，如果每五年可以爬升一階，那等到六十歲，說不定就換我當公司的執行長了。

但是，這個夢想很快地就被打破，因爲我發現了一個奇特的現象：在這個組織金字塔裡，並不是越頂端的人年紀越大，像我當時一樣二十幾歲的人，都在最基層沒錯，但整個金字塔的上半部（大約上面四層），全都是相似的年紀，大約三十五到五十歲。

我父親之前也是大公司的高階主管，在那個年代，他抓住了一個突如其來的機會，才能到達那樣的位置。他跟我說，職場上靠的不全是努力，更多時候是「機運」。

爲了尋找自己的「機運」，我很快約到位處金字塔頂端的大主管聊聊，他證實了我的猜測。他告訴我，雖然也有人從最基層做到最高層，但那畢竟是少數，大部分高層是從金字塔「中間」切進去的。他也告訴我三個從金字塔中間切入的方法：

方法一：尋找有老闆思維的工作

金字塔底部和頂部的人，需要的訓練是不同的。在龐大組織裡，基層員工和主管，需要的是專案管理和執行能力。但金字塔頂部的中高階主管，需要的是「老闆思維」，也就是治理公司的能力。

基礎的專案管理能力雖然重要，但對培養金字塔頂部需要的能力卻幫助有限。因此，那位大主管要我思考，剛入職場雖然沒辦法當上老闆，但有什麼工作是最容易接近和學習老闆思維的呢？

其實這樣的工作很多，顧問公司就是一種。在顧問公司，你可能一年面對的好幾個客戶，都是大老闆或高階主管，因爲常需要和他們開會、討論，爲他們解決問題。久了，耳濡目染自然可以培養出相似的思維，而這樣的思維，正是金字塔頂端人才所需要的。所以，你常會看到有顧問公司的人才，直接成爲大公司的高階主管或執行長，因爲他們的思維是相通的。

除了顧問公司外，任何每天接觸到大老闆的工作，其實也都有類似的性質。例如大老闆的特助，讓你有機會跟在他身邊學習，也都是培養這種思維的好機會。

方法二：自行創業

爬上金字塔最DIY的方法，當然就是自己創業。如果創業成功，你當然就直接被推升到金字塔的最頂端。但是，我並非鼓勵每一個人都要創業，也不是人人都適合創業。通常，如果你是爲了「錢」或「權」而創業，會非常辛苦。因爲創業路上，你必然會吃盡苦頭，如果沒有熱情支撐著你，其實是非常難熬的。

多數創業家的熱情，是來自於瘋狂地想解決一個問題。沒解決，就覺得渾身不對勁。創業是發自內心的一種強烈衝動，如果你沒有這個衝動，沒有人可以逼你創業。而且就算你眞的創業，也很難成功。

方法三：加入新創公司

如果你不打算自己創業，還有一個好方法，是加入新創公司。新創公司本身就是一個小金字塔，如果公司成功，人數增加的話，通常金字塔就會擴編，往下延伸新的層級。到了某個程度，組織變得很大，你會發現自己莫名就在金字塔頂端了。

但是，要加入新創公司，重要的是必須要有足夠的判斷力，能看出要加入的新創公司是否具有成長性。同樣，你也需要有好的能力，才能讓心儀的公司同時對你有興趣。加入新創公司對很多人來說，是非常有趣的經驗，因爲步調快、彈性大，會覺得在短時間內累積了很多經驗。

當然，新創公司的風險也很高，這意謂你隨時會因爲公司的失敗而失去工作。但是，如果你有足夠的財務能力承擔這樣的風險，我很建議你，人生至少加入一次新創公司，爲自己的未來好好賭一把。

如果你現在位於公司基層

對多數人來說，現在可能都位處公司基層，短期內也沒有計畫創業或加入新創公司。那麼，難道我們就注定一輩子待在金字塔底端嗎？

其實也並非如此。

方法就是：**想辦法培養「老闆思維」，這是有助於你往上升級的通關密碼**。在大公司裡，雖然你執行的是基層專案，但依然可以觀察公司在這些專案投入的成本與效益，從公司的視角出發，觀察公司最重視哪些專案。通常，高層眞正在意的專案有兩種：一是可以幫公司「賺很多錢」，二是可以幫公司「省很多錢」。想辦法讓工作集中在這兩種類型，將大幅提升你在公司的重要性。

試著從「成本」與「效益」的角度來思考自身的工作，除了盡可能讓工作項目貼近公司的重要目標，把握職場上可能晉升的每個機會，主動出擊，表達你想爭取的意願。機會通常不會從天上掉下來，只會給認眞爭取的人。如果你能把握這樣的原則，或許未必要遵循以上三條路，還是有不少人可以爬到金字塔頂端。

• • • • •

Q 三種爬到金字塔頂端的方法，哪一種最簡單？

A 因人而異，取決於每個人不同的性格和興趣。有人的興趣是加入成熟的公司，有人則熱中於創業。行行出狀元，只要你可以找到一個方式，做得很傑出，其實都可以爬到金字塔頂端。

Q 如果只是默默努力做事，是不是也會有升遷機會呢？

A 在真實世界，從基層做到高層的故事不是沒有，只是不那麼常見。如果你只是默默努力做事，就會需要更多的運氣，才可能獲得升遷機會。不會不可能，但需要多一些機運，例如遇到非常賞識你的好老闆。

1-2／不需要阿諛奉承，但得學會向上管理

有次開同學會，一個同學和大家抱怨他悲慘的遭遇。他是一個公司的小主管，底下帶了五個人。最近公司被併購，組織重組，也來了新老闆。他自認是一個「只做事」的人，所以不像其他主管一樣，對新老闆大獻殷勤。沒想到，大老闆才來幾個禮拜，就決定把我同學的部門縮編，將他負責的大半業務，挪到其他部門底下。

和他深談以後，我發現由於公司長期虧損，才被迫選擇被併購。新老闆接手這樣一家公司，自然有很大的壓力，要用非常手段在短期內讓公司轉虧爲盈。相較於同學的被動，另一個他口中的「拍馬屁」主管，

則是主動協助老闆了解狀況，成爲新老闆的頭號盟友。如果我是那位新老闆，可能也會做同樣的選擇。

其實，有時候「拍馬屁」和「向上管理」只是一線之隔。你不用成爲阿諛奉承的人，這樣可能會得罪很多同事，但你一定要學會向上管理，不然做再多的事，可能都沒有人會看見。

很少有人天生就會向上管理，我本來也不是這樣的人。過去在大公司工作，看到老闆走在我前面，我會立刻調降「步距」和「步頻」，盡可能離得遠遠。但我發現很多同事不是這樣，他們看到老闆會立刻加大步伐，呼喊老闆的名字，熱情打招呼，興奮的心情就像看到久未重逢的好友。

向上管理的第一課：不斷回報，讓主管放心

很多人會發現，多數老闆都是「控制狂」，只要他們不知道部屬在做什麼，就很容易缺乏安全感。這是因爲，老闆最終負責整個組織的成

敗，他必須隨時確認組織正在進行的事，都是有助於達成績效的。要避免老闆一直來煩你，就是不斷主動回報進度。

我們的文化常常是做的比說的多，在我待過的公司，一個普遍的現象是大家「太少回報」，很少看到有人過度回報。回報，指的是定期將自己的工作進度、遭遇的困難，簡要地和主管說明。如此一來，當你遇到關卡，主管也才有辦法從旁協助。最糟糕的狀況就是事情進展不順利，但又缺乏回報，等到大事開天窗時主管才知道。

因此，我很建議大家，可以養成每週用信件或訊息跟主管說明工作進度的習慣。很少主管會嫌你煩，反而這樣一個簡單的動作，會讓主管對你的信任度上升很多。

尊重自己的專業，但也尊重主管的判斷

我們領了公司的錢，在這個位置上，必須尊重自己的專業，做好自己的工作。當主管的想法和你的專業牴觸，必須和主管提出看法，不然

就是陷主管於不義。

創業後，我曾在營運流程的設計上，犯了一個錯誤。當時，我提了一個想法，大家沒有提出反對意見，我當下認爲，大家默認了我的想法。後來公司檢討錯誤時才發現，其實很多人早就知道這樣做會出問題，但因爲我是老闆，所以當下也不好多說什麼。

我聽了覺得很驚訝，也檢討自己，爲什麼建立起大家不敢說眞話的公司文化。我告訴大家，如果未來再有類似的情形發生，大可直接表達不同的意見，不然就是陷我於不義。作爲一個開放的公司，我們從來都不希望塑造出「一言堂」的環境。當大家提出不同的意見，雖然主管不一定會採納，但如果你不提出來，其實是對不起自己的專業。

提出不同的想法，除了是尊重自己的專業，也讓團隊裡的大家，有機會從別的視角看待事情。但由於主管仍舊是主管，所以還是必須尊重他有最終的決定權，即使最後的決定和你想的不一樣。因此，尊重並努力執行主管最終的決策，是向上管理非常重要的一環。

因爲想法的不同，而跟主管對抗是不智的。有些人以爲他在做對的事，通常那只是對組織的傷害。如果你常常無法接受主管的決策，無法當個支持他的部屬，那我會勸你早點離開這間公司，不僅是減少對組織的傷害，對你的未來也會更好。

向上管理的同時，如何不成為同儕的眼中釘

適度的向上管理，可以有效維護你和主管的關係。但是，有些人做得過度，又忽略了同儕的感受，雖然受老闆喜愛，卻有損於同儕間的人際關係。職場是個現實的地方，大家不太容易喜歡強出頭的人。如果一群人都對主管冷漠，甚至躲主管躲得遠遠的，但你卻一天到晚去和老闆示好，可能很快就會在辦公室樹敵。

「向上管理」和「同儕關係」，常常需要在兩者間取得平衡。既需要向上管理，又同時要小心得罪同事。其中一個方法，是養成「不搶功」的好習慣。當功勞出現，趕快退居在後躲得遠遠，把功勞歸給別

人。當有責任需要承擔，沒有人挺身而出的時候，趕快衝出來當第一個。這樣的人，既可以得到主管的肯定，又可以獲得同儕的喜愛。

我有個朋友除了會做事，也很會做人。他跟主管維繫著很好的關係，但也從來不因此得罪同事。因爲在每次公開會議和主管報告時，他都會感謝同事的協助，並把任何一點點的小成功，歸功於別人的幫忙。跟他相處的同事都覺得很舒服，因此絲毫不把他視爲有威脅的人。

你整天忙著做事嗎？如果可以的話，試著擠出一點點時間，開始對主管例行回報。如果你很願意努力工作，那麼，開始投資一點點時間，經營你和主管的關係，會讓努力得到更多的收穫。

Q 向上管理和拍馬屁的差別？

A 所謂的「拍馬屁」，就是為了討好老闆，做出違背自己專業該做的決定。舉例來說，你明明知道方案A對公司比較好，但知道老闆喜歡方案B，就只說方案B的好處。向上管理，則是基於你的專業，給予老闆正確的建議，但是，因為他是老闆，最終我們還是得尊重他的決定，並努力執行。

Q 變成主管眼中的紅人，是不是一定就會得罪同事？

A 在向上管理的同時，藉由「橫向管理」來顧好同儕間的關係，也同樣重要。關鍵就是，你必須不斷地歸功給他人，不要自己一個人攬著所有功勞。在需要承擔的時候，大步往前；在有掌聲的地方，趕快退後。

1-3／人生至少努力當上主管一次

看到這個標題，你可能會納悶：「我志不在當主管啊？」的確，剛入職場時，我也不是很確定自己想不想當主管，後來，當上了管理者才明白，原來這和我想的有多不一樣。眞的必須當過主管，才能體會主管的酸甜苦辣。

個人工作者，是靠著自己的頭腦和雙手努力工作，主管則是靠著大家的力量，來達成團隊績效。如果妥善應用每個部屬的力量，主管其實能爲組織產生更大的產值和績效。

主管能擁有更廣闊的職涯視野

當我還是基層工程師時，我看自己的工作，是從自己的角度出發。我知道該完成哪些工作，並在時限內努力完成，雖然有一些和同儕以及跨部門的溝通機會，不過，我的視角基本上還是受到許多局限。

這是一般組織設計不可避免的問題，組織的資訊不對稱是必然。通常這不是刻意爲之，而是自然造成的。前陣子，有位前輩就和我說，他很難過地發現，自己在高層會議講了一百次的事，基層員工卻連一次都沒聽說。

在大型組織，老闆無法直接傳達想法給公司所有的人，因此，大多仰賴中間層的主管，一層層傳遞資訊。在我的經驗裡，該執行哪些工作項目是比較容易傳達的，但執行事項背後的想法和理念，每傳達一層，大概就流失了五〇%。

想想，如果一個組織有七層，執行長的理念往下一層層傳遞，到你這裡的時候，還剩下多少？應該只剩下一點點。這也是爲什麼基層員工，常常覺得老闆的指令莫名其妙，根本不合邏輯。其實，未必是老闆眞的那麼糟，而是中間的傳遞過程，流失了指令背後的邏輯。

當上主管，如果是在小公司，通常你可以直接和執行長一起工作，得到公司的第一手資訊，視野自然非常廣闊，會明白很多過去不明白的事。如果是在大公司，雖然離執行長還是很有距離，不過透過管理部門，你會發現，自己更能了解高層想要傳遞的內容。

以職涯發展的角度，當主管確實是增加機會和擴大視野的捷徑。

主管通常擁有更好的薪資報酬

公司付出薪資，是爲了留住好人才。組織裡通常主管的薪資會比較高，這不代表擔任主管職的人比較厲害，而是只要這些骨幹存在，老闆就不用爲內部的每個細節費心。請記得，能減少老闆頭痛和麻煩的人，通常就可以拿到較高的薪資。

職場從不是講求公平的地方。美國的大型公司，執行長的整體薪資可能是基層員工的好幾百倍。一般主管雖然不會有像執行長這麼高的薪資，但只要在金字塔的位階越高，薪資總會較基層員工多上許多。

既然我們每天都花那麼多時間工作，主管又能有較高的視野、較好的學習機會，又有較高的薪資，有這個機會的話，當然值得一試。至少嘗試看看，如果發現自己真的很痛苦，至少曾經歷過。

主管位置是靠自己爭取來的

我曾問過一位在企業內部升上執行長的前輩，在職場中，到底該不該明顯表現自己有意爭取主管職位？他的回答是：當然！

你該明確地讓公司知道，未來有主管職的機會，希望公司也能把你納入考量範圍。但同時，你也該尊重現任主管，讓他知道，你是他的小幫手，而非競爭者。

你可以多利用和主管一對一面談的機會，主動告訴他你的職涯規畫，並且是對主管職有興趣的。光有興趣不夠，你應該爲此做些努力，例如讀管理相關的書籍、在日常積極表現、多參與新的專案，告訴主管你爲了生涯規畫做了哪些準備。

當你發現組織有所變動，例如有其他部門的主管離職，或發現公司在求才網站刊登主管職缺，都是你爭取成爲主管的大好機會。多數公司會歡迎內部人員主動爭取這些位置。

我們公司就曾有過一個經驗。當天早上有位主管提了離職，爲了盡速找到繼任人選，哥哥和我當天下午就開了簡單的會議，和團隊說明這個異動與公司接續的規畫。本來，我們預計用未來兩天徵詢內部人員，同時刊登外部職缺，但會議剛結束，馬上就有同事主動爭取。

而且，他不只是告訴我們，他對這份職務有興趣，而是有著完整的準備，連簡報都早已做好，向我們說明爲什麼他符合主管職的條件。他告訴我們，他不是預先聽到任何消息，而是每天都在爲今天這樣的機會準備。我們和他談得很愉快，也發現他對接手主管職務後，該做哪些事早有規畫。

不到一小時，我們就決定錄取他。有趣的是，隔天也有同事表明自己想爭取這個位置，但我們已經做了決定，只好和後來的同事說抱歉。有時，在職場就是要快，機會稍縱即逝。大家都會評估，在當下試著用最有限的資訊，做出最好的決定。因此，只要在當下敢於努力爭取，很容易就會成爲最好的人選。

我想說的是，爭取主管需要靠自己的努力，別以爲認眞負責，就會有人主動問你要不要當主管，在我的經驗中，這樣的事很少發生。你該主動，而且是非常主動，因爲你的競爭者也都會這麼做。

• • • • •

Q 主管是不是責任很重、壓力也大？

A 這是一定的。主管背負著團隊成敗的責任，壓力可能是一般員工的好幾倍。如果你在事業上沒有一定程度的野心，在這個職位上，一定會更加辛苦，也可能不開心，但往往在真的試過以前，你可能和我一樣，並不知道自己喜不喜歡這樣的工作形態。因此，我還是很鼓勵你，至少嘗試一次吧。

‧‧‧‧‧

Q 當主管會有更大的自由度嗎？

A 主管的自由度通常較高，但那並非指有更多的個人時間，而是更能自主地安排每天的工作。以我自己當老闆為例，我的工作時間很長，但同時感受到很大的自由度。對我來說，工作上能由自己控制的程度很高，就是自由。

‧‧‧‧‧

1-4／養大自己的舒適圈

我是個工程師，也熱愛寫程式。剛創業時，雖然意識到角色的改變，但我依然沉浸在自己的舒適圈，每天只想寫程式。雖然我知道自己有其他重要工作要做，但其他事總是拖到最後一刻。常常事情都火燒屁股了，我才開始做，因爲舒適圈眞的太舒適了。

我最近做的二手精品服務 PopChill，除了個人賣家，同時也找了很多海內外的企業賣家進駐，這也是成敗的關鍵。這對內向的我來說，眞是個挑戰。倒不是我沒辦法和人好好說話，而是要我做這些事，眞的很花腦力。往往和對方三十分鐘的談話，就會耗盡我整天的能量。從工程師到業務的切換，並非出於我的意願，而是公司有這樣的需求，因此逼得我需要再一次離開舒適圈。

或許你也和我一樣，有這種被一次次逼離舒適圈的經驗。但經過這些歷程，我發現一個人之所以變得強大，就在於離開舒適圈，把原本的不習慣，納爲新習慣。當舒適圈變大，你也變得更強了。

舒適圈是動態的，可以變動調整大小

前面提到我喜歡寫程式，有很長一段時間，當我遇到繁雜的事，只要一坐到電腦前，開始專注地寫程式碼，就可以安定心情。所以，即使後來創業，公司到了一定規模，已經不需要我親自寫程式，我還是有滿長一段時間，保持每天寫程式的習慣。

但是，可別以爲我天生就喜歡寫程式。大學時我唸的是「土木系」，本科系的東西我讀得不錯，不過我不只不會程式，還是個標準的電腦白痴。二〇〇〇年我大學畢業的時候，發現所有和網路沾上邊的事，似乎都很有夢想。因此，我決定跳脫土木系的舒適圈，去挑戰另一個一無所知的領域。

雖然那時剛好要去當兵，但並沒有因此阻礙我的學習。我買了兩本書到成功嶺。每天晚上有一小時的自由時間，別人要不打電話給女朋友，要不就去販賣機買飲料。我則是傻傻地在紙上寫程式，等到放假時，再把紙上的程式碼輸到電腦裡。當我發現程式碼成功跑出和書上一樣的結果時就很開心，覺得離資工人又近了一步。

我必須說，這是一個極不舒適的過程。進入新領域並不簡單，而且充滿害怕和挫折，除了當兵自學以外，我之後也去清華大學和中山大學，上了七門資工系的學分班課程，才有了更多資訊科系的基礎。由於大學成績不錯，我靠著這樣的基礎，順利申請上史丹佛大學的電腦科學研究所。雖然這時並非完全沒有基礎，不過剛入學時，我簡直痛苦極了，因爲能力和其他同學差一大截。因此，我只好加倍地努力，希望自己趕快成爲一個眞正的資工人。

過了兩個學期，有天我睡醒時，突然有個奇妙的感覺。我發現自己頭腦裡有五〇％是資工相關的知識，只有五〇％是大學時期的知識。那天我興奮極了，因爲我知道，從那刻開始，資工只會占據我越來越多部分。我終於擴大了舒適圈，把寫程式也包含進去了。從那天起，我寫程式越來越上手，寫程式也變成一件舒服的事了。

舒適圈並不是一個固定範圍的圈圈，它可以變大、可以縮小、可以位移，就像寫程式，原本是我怕得要死的事，後來卻變成舒適圈的一部分。這個過程並不容易，說眞的，我怕得要死。但最困難的，永遠是踏出第一步，只要願意踏出第一步，說眞的，你已經成功了五〇％。

舒適來自於不斷地重複練習

前面例子跟大家分享的，是我從電腦白痴變成程式高手的過程。舒適圈來自於一件事情不斷重複、變得上手，從原本不舒適的領域，跨到變得舒適極了。同樣的事，做第一次可能覺得很害怕，到第一百次、第一千次，肯定得心應手。

我有個同學和我一樣天生內向，退伍後卻選擇當起房仲業務員。他告訴我，剛當上業務員的那幾年，他在只有一個人的時候就會不停練習說話。騎摩托車的時候、走路的時候、在家的時候，他會對著空氣，一次次重複模擬要跟客戶說的話，每一次說完，他就會覺得自己的氣場又更強了一點。實戰經驗多，自己也練習久了，他發現原本害怕的領域，也變得很舒適。反而有些原本覺得熟悉的領域，變得不舒適了。

只要能做到持續反覆練習，在一個領域投入大量的時間，沒有任何領域是你沒辦法納入變成舒適圈的。

經營公司，自然需要管理團隊。我天生不擅長管理，但我太太擅長，所以某種程度來說，她也是我的職場導師。當我不小心又走回舒適圈，她會鼓（逼）勵（迫）我，從舒適圈中走出來，帶給團隊目標和適度的壓力。一次又一次，經過了幾年，我發現這是一門可以學習的技巧。後來，我也發現不再需要她逼迫，我就能自己得心應手。

逼自己離開舒適圈，你才能成長

你或許會想，待在舒適圈有什麼不好？如果你的職涯目標是追求高成就，那的確不好。因爲高成就的工作，很少只需要單一技能，多半需要的是跨相當多領域的技能。但一般我們熟悉的舒適圈，多半是單一技能，因此我們該學習的技能，大多都位於舒適圈之外。

所以，很多高成就的人是被逼出來的，有人是自己逼自己，有人是被環境所逼，因爲除了這麼做，他沒有其他退路。如果，你現在正在某個舒適圈裡，覺得工作得心應手，回家就開始追劇，生活有種小確幸，也許你該在生活中製造一點危機意識。想想自己未來幾年的職涯目標，盤點自己還欠缺哪一些技能。雖然突破自己並不舒適，但那是高成就者的必經之路。

Q 喜歡穩定的人，該如何踏出離開舒適圈的第一步？

A 我的建議是循序漸進，一次跨出一小步。例如，可以從報名線上課程開始。通常，在事後你會感謝當初自己的決定。當你累積了很多小步，合在一起看就是一大步了。

Q 如果我想專精在某個領域，是不是就不用逼自己離開舒適圈？

A 即使你的工作是成為某個領域的專家，到了一定的職位高度，你會發現，還是必須接觸許多原來不熟悉的領域，商業和管理知識就是最常見的例子。因此，在職場的前半段，就應該保持學習的高度彈性，不要讓自己定型，成為走不出舒適圈的人。

1-5 A級見解，常來自於你與衆不同的背景

在史丹佛大學唸書時，我有機會和負責審核入學許可的老師聊天。我好奇地問他，每年有這麼多人想申請進入史丹佛大學的電腦科學研究所，我一個半路出家的門外漢，爲什麼他們會看上我？

老師笑著跟我說，我以爲大學的不同經驗（土木系）在他們眼中是劣勢，但其實這樣的「多元性」，對他們來說反而很加分。接著，他開始跟我談在一個學校或科系中，保持入學學生的多元性爲什麼很重要。他說，讓不同背景的學生聚在一起，常可以激盪出不同的火花。

成為那個與衆不同的人

你是群體中那個與眾不同的人嗎？多數人不喜歡和別人不一樣，這是人的天性。但事實上，你就是要與眾不同，冒出頭的機會才大。

在史丹佛大學求學期間，雖然老師肯定我，但我還是常覺得自己格格不入。有次，在一門網路相關課程，大家針對一個問題激烈辯論，我忽然聯想起過去土木系交通工程的一些內容。雖然兩門課差異很大，確實有些可以互相應用的地方，就和大家分享了我學到的東西。

這些想法來自一個極爲不同領域的學生（我），不只同學沒想過，可能連老師都沒聽過。說完之後，整個空間有幾秒鐘的靜默，我想大家應該都很疑惑，剛剛我到底在講些什麼吧。過了一會，老師當著大家的面讚美我，說：「這是A級的發言。」這對我來說，是非常大的鼓勵。我也才體認到，爲什麼老師說不同背景可以是優勢。

後來人生的經歷，我也常發現，自己是周圍環境中與眾不同的人。

也因爲這樣的異質性，常常讓我得到許多特別的機會。現在我自己創業，個性和經驗都與多數創業家不同，但當你肯定自己的「與眾不同」，雖然可能還是得時常面對格格不入的尷尬，但是，它們其實可以變成你很大的職場優勢。

嘗試進入一個不屬於你的環境

與眾不同的方法，並不是在一個和你相近的群體裡面，努力讓自己顯得不一樣。最好的方法，是直接跳脫舒適圈，進入一個和你完全不同的群體。如果你有勇氣這麼做，在走進去的第一天，你就已經贏過很多人了。

試著找到一個成員雖然和你有很大差異，但還是有發揮空間的群體。我有個朋友是工程師背景，全班同學畢業後都到竹科，剛開始他也是。不過，後來他發現這不是他的興趣，爲了追隨自己的興趣，他進入一個幾乎沒有工程師會踏入的領域，成爲「新聞記者」。

雖然他的背景在那邊好像很奇怪，不過，公司很快發現他的專長，在這個產業找出他派得上用場的地方。他被公司安排在「電子業」的新聞線，常常跑記者會、法說會，當那些公司用專業術語講解公司發展，別人聽得一頭霧水時，他的背景就成爲一項優勢，甚至其他的媒體記者還會主動向他請教。

我不是說任何背景A的人，丟到背景B的群體，都一定會有好的發展。A和B當然還是要有一些重合，例如上面那位工程師的例子，如果你叫他跑新聞台的影劇線，會不會有那麼好的發展呢？或者，更極端一點，你叫他去打職棒、職籃，他的工程背景可能就眞的沒那麼管用了。

我想說的是，如果你的背景是A，可以想想，有什麼群體B是離你很遠，但又有些重合的。當你進入這個群體，你的與眾不同可能就是個好優勢。

你可以在不同領域切換

剛到史丹佛大學的第二個學期，開學前，我和同學相約到圖書館唸書。我們坐在咖啡店外閒聊，看見隔壁桌有個白髮蒼蒼的老人，邊讀書邊寫程式，我們暗暗地說，他好可憐，怎麼這麼老還在寫程式。沒想到，隔天我們又看到這個老人，原來他是我們的老師。

後來，我才知道這位老師不是普通的厲害，他最出名的地方，就是每隔兩年用電腦專長解決一個全新領域的問題。過去可能是農業，現在可能是太空，明年可能是都市規畫。這些看似不同的領域，背後都有一個核心能力，就是他深厚的電腦科學基礎。

如果你以爲這些事情只可能發生在學校，因爲只有教授才有這種閒工夫讓自己不斷換領域，那就錯了。曾經，我在職場上有一位老闆，也給自己設定了很類似的目標，每隔三、四年就會強迫自己離開舒適圈，跨到極不舒適的新地方。因此，他去過矽谷很多知名、卻形態完全不同的公司。他告訴我，不論能不能更有成就，光是體驗這樣的生活，人生就能過得刺激有趣許多。

・・・・・

Q 切換到新領域，相較於在這個領域深耕多年的人，是不是很吃虧？

A 以我自己的經驗來說，的確會有一些劣勢，但也有優勢。如何能夠很快補足劣勢、發揮優勢，就是我們該努力的地方。最重要的是，我的經驗同時告訴我，最難的是跨出第一步。當你做了決定，並跨出第一步，其實就完成了五〇%。

・・・・・

Q 橫向人才代表每個領域都會一點點嗎？

A 通常，現在更強調的是「T型人才」，也就是在知識上有廣度，也在某個領域有深度。在我們的經驗中，公司最容易受到重用的，也是T型人才。這樣的人可以靠著自己的專業，先爬升到主管職，再很快地進行跨領域學習，成為組織中的領導者。

1-6／讓自己被看見，並且挺身而出

初入職場時，我不太喜歡在會議中發言，因此常吃虧。所以，自己開公司成為老闆後，我常鼓勵同事多多在會議中發言，但即使如此，發言的人還是少數，大家多半喜歡靜靜地聽，到了會議結束，私下討論時，意見卻多得不得了。

每一次在會議或線上群組發言，都是曝光自己的機會。大家對你的印象，就是靠著這些點點滴滴的機會集合而成。在職場中，擔心的從來不是曝光太多，而是曝光太少。

前陣子，有公司的人資主管打給我，進行新人的資歷查核

（reference check）。聽名字覺得很熟悉，但仔細想想，以他的職務，我應該最少有兩、三年的時間，每週都會參加一次他們的部門會議，但我卻想不起他任何表現，想不起他說過任何話、做過任何事。對於這樣的員工，我實在很難在其他公司進行資歷查核時說太多好話。後來，我找了其他人求證，果然證實他是一個從不在會議上發言的「好員工」。

既然爲工作付出那麼多，你眞的甘願都沒被人注意到嗎？還是，你願意爲自己挺身而出，讓別人看到你的表現呢？

建立「做十分、說十分」的好習慣

曾經，我處於一群「做七分、說十分」的同事之中，那讓我很辛苦，也面臨很多不公平的競爭。還好，當時的主管是個有判斷力的人，他永遠分辨得出哪些人的哪些話說得太滿，然後一一戳破。我當時是一個「做十分、說七分的人」，聰明的主管對我說，如果我不跟大家說我做了什麼，再聰明的人也無法自行「腦補」，他們最多就只能把我當成一個七分的人。

多數剛入職場不久的人，都屬於「做得多、說得少」的類型，常常讓人摸不清你的表現。有人會將這當成一種美德，稱為「謙虛」，但是，其實職場是個表面和諧，檯面下可能你爭我鬥的地方。**過度謙虛在職場上不會獲得任何好處**。

我建議應該**「把事做好，也把話說滿」，做了多少，就要讓人看到多少**。曾經我有個年輕同事，在其他同事接到他離職時的交接文件時，才發現他竟然做了這麼多大家不知道的事。原來他是個好好先生，往往一手攬下其他部門來求助的事，連主管都不知道。就這樣做著兩、三人份的工作，連下班、假日也都忙著做這些事，卻覺得「這沒什麼好說的」，全數默默承擔。

如果你做十分，就說十分吧！別當職場的可憐阿信，勞心、勞力卻只悶在心裡，悶久可是會內傷的。

離開「論資排輩」的環境，別讓別人限制你的發展

我有個學長畢業後加入一家「重資歷」的公司。這家公司的遊戲規則訂得很清楚，老闆講明了升遷不是看能力，是看輩分。在這樣的公司，所有高層當然都是年資最長的人。

我學長十年前加入成爲最菜員工，十年過去仍待在同一家公司。但是上面的人都不走，底下也沒新人進來，他還是公司最菜的員工，加上他姓蔡，到了三十幾歲，在公司的綽號還是「小蔡」。

有天他終於明白，在這樣的公司，資深員工根本不會走，因爲坐在那些位置上太舒服了，也沒有被淘汰的壓力。他終於明白自己在公司很難有機會。之後，他換到一間「重績效」的公司，他的付出馬上被公司看到，不久被晉升爲主管。

像小蔡學長這樣的人很多，他們陷在一個「論資排輩」的環境，久了可能連自己的企圖心都被磨光了，因爲知道即使再努力，別人看到的

還是只有年資。如果你正處在這樣的環境，且不滿意這樣的舒服，並消磨你的熱情，我建議你速速打包離去，換到一間「重績效」的公司。

每天辛苦工作，你的努力被人看見了嗎？如果沒有，大聲說出來，爲自己爭取曝光的機會。以聖人的標準來說，「溫良恭儉讓」算是美德，但以職場爬升的角度來說，我實在不建議你這麼犧牲。

・・・・・

Q 多快的升遷速度才算正常？

A 這沒有標準答案。在有的組織，一、兩年就該升為經理；在某些組織，可能十年升為經理都算快。因此，還是必須回歸到你看待自己工作的想法，不用和別人比較。只要你覺得自己的升遷速度（無論是薪資、職務）符合預期，那就是不錯的升遷速度。

・・・・・

Q 在論資排輩的環境，一定就得離開嗎？

A 如果成為主管職對你來說很重要，我會建議你離開。因為在那樣的環境，升遷像是用你的青春時光在「排隊」，一點都不值得。換到別家公司，也許一次就到位。

第二章

年輕人該以什麼心態闖蕩職場

2-1／別把薪水當成全部

談到工作不免會和錢畫上等號，今天我們就來挑戰一下這個想法。求職時，你最在乎什麼？你真的這麼在乎錢嗎？

剛從學校畢業時，我面臨了兩個選擇：公司A和公司B。公司A的前景和發展性，都比B公司好，但尷尬的是，B公司願意給的薪水，比A公司多了那麼一點點。我打電話和父母討論，他們給了我很多建議，但我想了想，還是選擇薪水高的。原因無它，在那個年紀的我，覺得多領一點錢就是開心。

在職場多年以後，我認爲自己當初的選擇是錯的。

我現在知道，對於初入社會的年輕人來說，前面幾年的薪水，可以「維生」就足夠了。眞正重要的，絕非薪資的微小差距，而是你坐的那個位置是否是一艘火箭，能帶著你到另一個高度。「高度」並不完全指的是「高薪」，而是讓你能有更好的視野和成就感。通常，只要有了高度，高薪自然會因此伴隨而來。

很多起薪高的工作，不只不是火箭，還會讓你好幾年後，才發現自己被困在原地，根本到不了任何地方。

公司薪水是怎麼決定的？

既然「錢」還是很重要，我們就來了解一下，一般公司是如何決定薪水的。

很多人以爲，多數公司必定有著什麼精準的依據，進而定出各個職務的薪資，但眞實狀況並非如此。一般中小企業的薪水，是老闆（企業負責人或高階經理人）自己訂的。老闆是「效益計算機」，他的想法就是如何用合理的薪資，在市場上找到能幫他完成事情的人，以及提供足夠的條件，讓公司內他信任的人，得以留下來繼續工作。

如果學過經濟學，你或許會認爲，薪資應該是由供給和需求的平衡決定。但現實世界中，老闆沒那麼多數據，很多時候，薪資的決定眞的就是來自於「感覺」和「經驗」的平衡。比方說，老闆想找新員工，經過一段時間都找不到人，急了，就決定調高薪資範圍。又或者老闆聽朋友說工程師不好找，回公司後就幫全體工程師加薪。

規模較大的公司，的確有些會以較科學化的方式來訂定薪資結構，以反應大家眞正的貢獻，但我可以和你保證，那只存在於極少數公司。就算在大公司，主管通常還是有權限在某個範圍內，依他的「感覺」調整你的薪資。

於是，到最後，薪資還是取決於老闆對你的「信任」程度。只要老闆覺得你是重要人物，足以擔當重任，薪資高一些不是問題，但如果老闆覺得你是頭痛人物，根本不想留你，多一塊錢都是問題。

沒錯，薪水就是如此理性又感性的產物。

起薪不是重點，發展性才是

當你理解薪水可能只是老闆當下的「感性產物」後，就會知道職場起薪，只是新人和老闆尚未建立任何信任關係時，老闆願意請一個能力未知的員工的衡量。

拿著同一份履歷表去面試，A老闆覺得「三萬五」、B老闆覺得「三萬八」，說眞的，這兩者眞的沒有什麼太大差異。眞正能讓薪資產生差距的關鍵，是入職以後，你能多快讓老闆放心。以及在建立信任之後，他願意爲你付出多少的公司成本。

一般職務的初階工作，起薪也許是三萬，但過了幾年，如果你能成爲老闆重用的人物，認爲事事交給你就放心，不論你過去的學、經歷爲何，如果能成爲老闆的左右手，或成爲老闆本人（專業經理人，受董事會委託管理公司），你的薪水肯定是起薪的好幾倍。因此，値得比較的不是誰的起薪高，而是誰的調薪速度快。

如何找到一條路徑，能帶領你走向至高點，獲得一份很有成就感且高薪的工作，才是職涯重點。因此，我常和初入職場的年輕人說，**起始的薪水能「養活自己」就夠了，最重要的是評估工作發展性**。如果人生重來一次，只要確認這個工作極具發展性，要我無償工作，晚上兼家教養活自己，我都願意！

其實錢也不是一切

前面講了許多，還是圍繞著用「錢」來衡量工作的成就，眞相眞的不是這樣。

我訪談過許多職場專業經理人，發現薪資雖然重要，但絕不是大家「幸福感」的最大來源。

多數人的職場「幸福感」，是來自於被他人肯定，確認自己能產生貢獻。當你認爲公司少不了你，大家都十分依賴你，上班肯定活力滿滿。如果光領高薪，但公司只是將你晾在一旁、沒事做，說眞的，多數人沒辦法在這樣的位置待太久。

我認識一個前輩，因爲公司內鬥，被架空了好幾年，但由於他的職稱很高，因此照樣領著高薪。爲了賭一口氣，他不願意自己離開，本來以爲這樣的情況只會持續兩、三個月，沒想到就這麼過了整整三年。朋友都笑他坐領乾薪一定很愜意，但他卻說，這是他人生中最痛苦的三年。他每天都不想去上班，也不想跟同事打交道，因爲大家都知道，他只是來白領薪水的。最後忍不下去，他還是自己選擇離開，重新找工作。雖然薪資沒原來的職位高，但他快樂多了，因爲再次感受到自己是個有用的人。

所以，還是要強調，我提到的工作高度和成就，並不完全是指薪資，更重要的是成就感和挑戰性，高薪通常只是伴隨高成就的結果。

如何辨識工作的發展性？

重點來了，光是求職面試個一、兩次，怎麼知道這份工作的發展性如何呢？

當然看不出來。因此，我常建議職場新人，在公司決定給你 offer 後，球就在你手中。這時，**請不要急著答應工作，趕緊再跟求職公司約下次面談，幫助你有機會更深入了解公司**。一間好的公司不會拒絕這樣的請求，也不會覺得被冒犯，反而會覺得這種要求很加分，證明你很認眞看待工作選擇。

如果你能順利約到這樣的面談，請試著了解以下四件事：

1. **工作內容是否符合你的熱情**：必須做讓你有熱情的工作，才能做得久，也才能讓你百分之百投入。請務必問清楚未來的日常工作內容，和你所想的是否一樣。

2.**公司是否屬於「對」的產業**：通常，一家公司的前景半數取決於所處的產業，半數取決於公司本身的執行力。請試著判斷這間公司是否屬於正在成長的產業，如果是，它比較可能是艘火箭。但如果公司隸屬的產業正處於下滑段，多數公司就算再努力，都很難與大環境對抗。

3.**管理團隊是否在往對的方向前進**：請試著了解創辦人和管理團隊的理念和風格，評估他們是否持續將公司帶往正確的方向。可以問問他們對未來幾年的願景。一間好公司絕不會說不出來他們要往哪裡去。

4.**認識你的直屬主管**：這點非常重要，要成為公司中值得信任的角色，首先必須成為直屬主管信任的人。跟對好主管，未來多半會一路順風。主管也多半是你未來人生的重要導師。你必須藉由這個面談好好認識他，評估他是否是值得賣命的對象。

當你確認了以上幾點，雖然未必能精準判斷，但至少做出來的決定相較於只評估薪水，會正確很多。職場是馬拉松，重要的是最終你要跑到哪裡，而非起跑的前幾分鐘能跑得多快。

事實上，很多我知道的「高起薪」工作，發展性都很差，所以我從來不會介紹人去。也因發展性差，他們更需要用高薪綁住人才。聰明的你，必須好好辨識出哪一艘才是真正的火箭，然後坐穩、綁好安全帶，準備起飛。

• • • • •

Q 如果薪水沒那麼重要，我還需要爭取調薪嗎？

A 工作一段時間後，如果你認為自己的表現，值得拿到比現在更好的薪資，應該找個好機會主動爭取調薪。例如工作滿一年後的績效考核，就是不錯的時間點。爭取合理的薪資調整，也是對自己負責的表現。

• • • • •

Q 公司如果成功，好像和我個人也沒太大的關係？

A 從成功的公司離開，有助於未來找到更好的工作。許多公司也會在成功時，提供員工較好的財務報酬，例如紅利獎金或員工認股，可以找機會了解公司對於這部分的財務規畫。

2-2 職場不是學校，沒人眞的有義務教你

剛入職場的前幾年，我加入了一家公司，進去後才發現，該和我交接的對象已經離開，只留下一堆不完整的程式碼，文件也相當缺乏。我不知道該怎麼辦。主管要我每天早上去找他，他會用半小時的時間，帶我進入狀況。前幾天進行得很順利，我也勤作筆記，開始有點上手。一、兩週後，團隊的其他專案進入快上線的緊張期，主管忽然沒空教我，再來就要我自己「好自爲之」。

我心裡有很多怨言，抱怨公司沒提供完整的「職前訓練」、抱怨前人沒留好交接文件、抱怨連主管也不教我……

老闆要的是即戰力，供你學習只是順便而已

後來我自己當了老闆才明白，在天下老闆的眼中，每個新人都該是即戰力。職場不是學校，你可以在工作上「順便」學習，但公司花費成本，是希望你來解決問題，不是開補習班來教你。所以**工作沒能上手不是公司的責任，是你不夠行，因為市場上永遠有人比你還行**。如果自認不是即戰力，那就用最快的時間調整自己，讓團隊看到你的貢獻。

很多人在面試時容易放錯重點，從頭到尾不提出自己的貢獻，反將面試主軸放在了解個人學習機會，這其實大大降低了被錄取的機會。這不是學校入學面試，是公司錄取面試，進入公司，你當然該學，而且也一定要學，但那只不過是順便而已。

正因企業多半需要即戰力，社會新鮮人找工作總是處於劣勢。這幾年，實習變得很流行，幫助很多人解決了這個問題。有實習經驗的畢業生，雖然沒有完整的即戰力，但也有一半的即戰力，錄取的機會自然大

幅增加。如果你還在唸書，我建議你把握這樣的機會。以我們公司的面試來說，實習經驗是很大的加分項。

職場打的是團體戰，不盡力就會馬上黑掉

很多人將職場當成學校的延伸，把公司專案當作學校報告。事實上，公司專案和學校報告，本質上完全不同。我們都做過學校的團體報告，美其名爲「團體」，但往往是某個最在意成績的人爲主力，至於其他人，有的負責出一張嘴，有的負責請大家吃宵夜，有的什麼都沒做。人緣夠好，就沒有人會怪罪他，這是學校的常態。

職場則不同。

一群人打團體戰，如果你沒有貢獻，只是坐著觀戰，我保證，你很快就會黑掉。不只沒辦法成爲老闆的好幫手，同事可能都會暗中議論你。畢竟，學校主要還是以個人爲單位，自己成績不好，通常不會拖累其他人。但職場是團體戰，你掉了球，常會連累到整個群體，讓大家要

費心思來補足你的錯誤。

剛入職場時，我有個同事頂著名校光環，也是很厲害的程式設計師，但是他很粗心，因此常常闖禍。最糟的是，闖禍後大家留下來幫他收拾善後，他卻準時下班回家。不久後，他被公司開除，聽說是老闆受不了了。但老闆不是受不了他闖出來的禍，而是受不了大家每天來抱怨他，所以乾脆開除他，讓自己耳根清淨。

所以，你要認清一件事，在職場上要捲起袖子、學會承擔，每到一份新工作，都要用最快的速度接起任務。**擁有到每個地方的即戰力，是工作者的義務，也是絕對該培養的能力。**

你必須為公司產生多出薪資數倍的效益

公司會請你加入，通常只有兩種原因：一是你能爲公司賺錢，二是你能爲公司省錢。

在老闆眼中，無論你的工作看起來多麼抽象，創造的產值通常可以量化。

如果你領的薪資是四萬，很多人認爲，只要能爲公司創造四萬的價值，公司就會想錄取你。其實這樣想是大錯特錯，公司除了要付出薪資、勞健保這些直接成本，還有很多機會成本，例如工作空間、內部協作成本，還有錄取你就無法錄取其他人的機會成本。

以一般業界的標準，至少需產出高於薪資四、五倍以上的產值，公司才值得雇用這個員工。算看看，你能爲公司產出足夠的價值嗎？

用力請教，當個不怕麻煩別人的人

雖然職場沒有人有義務教會你什麼，但你永遠都有開口詢問、把事情弄懂的權利，「追根究柢」在職場上是一項很重要的工作態度。羞澀內向、什麼事都不敢麻煩別人，到頭來吃虧的總是自己。

我就有過慘痛的經驗。在我還是菜鳥工程師的時候，很怕麻煩資深工程師，於是盡量事事靠己。這沒什麼錯，錯在當我不確定對方意思的時候，常自己猜測，因爲問別人感覺很打擾對方。

有次資深工程師請假，請我在他不在時做一件事，我只聽懂七〇%，但礙於面子，我一口答應，其實心裡有點不安。隔天，我看著不完整的文件，邊做邊猜，又不好意思打電話問休假中的他。最後發生了慘劇，把公司線上機器弄壞好幾秒鐘，對於大公司來說，這可是很嚴重的事。我當下覺得很難過，也知道我把事情搞砸了。

更可怕的是，隔天我看到主管臉色鐵青地在寫報告，跟上級解釋這件事發生的來龍去脈。從那天起，我決定不再當「差不多先生」，真的不懂，就去問清楚吧！

當上老闆後，我還是保持這樣的習慣。會議上聽不懂的，絕不輕易過去，如果請對方解釋的當下我還是聽不懂，也會在會後找時間找對方弄懂。相信我，很少人會因爲你想弄懂而覺得煩，多半的人反而會覺得你很重視工作。所以，別當個怕麻煩別人的人。

Q 我的個性就是不喜歡請教別人，怎麼辦？

A 多數公司不會有非常完整的知識管理文件，多數都只存在於別人的腦中，因此，請教他人是必須的。跨出那一步的方法，是不用擔心別人會覺得煩。其實，多數人不但願意分享，也會覺得自己的工作更有意義。

Q 如何成為團隊戰中的戰將？

A 關鍵是：比別人更努力，但不居功、將功勞歸給他人。兩者缺一不可。如果你只是創造了高產值，但獨攬功勞，長遠來看，很可能在人際關係上出問題。

2-3 把握職涯每個彎道超車的機會

多數人的職涯，就職務來看，不是線性的爬升，而是每幾年爬一階，像爬樓梯一樣越爬越高。你可以待在同間公司多年，也可以每隔幾年換間公司。取決於哪一種選擇，對你來說有較高的發展性。

有人自始至終待在同家公司，從總機到總經理，因爲他把握了每個彎道超車的機會。有人則是選擇跳躍式的職涯，以精準的眼光選擇下份工作，透過不斷跳槽來墊高自己的身價。

聰明選擇公司和職務，是超車的第一步

我有個朋友，雖然事事迷糊，卻有著精準的「選公司眼光」。畢業後，多數人加入大公司，他卻堅持選擇小公司，而且是鮮爲人知的小公司。大家都擔心他的公司撐不住，沒想到，過兩年公司上市了。他進公司時拿到了一些選擇權，也因此賺到人生第一桶金。

他離開了這家公司，再一次加入另一家新創公司，有了前次的經驗，他和公司談了一個「低薪水、高選擇權」的合約。沒想到過幾年，公司又成功被併購，他也賺到了人生第二桶金。他依樣畫葫蘆，才畢業十多年，竟然就反覆經歷了四次類似的歷程。他從選擇權賺來的四桶金，算算竟是薪水的好幾倍。

我請教他選擇公司的方法，發現他用下班時間，做了相當多產業和公司研究。我第一次看到有人花這麼多時間，在研究未來想加入的公司。他的方法是像一般股市投資人一樣，進行大量的產業和公司研究，

不同的是多數投資人看的是上市櫃公司，他卻只選擇看員工數二十個人以下的小公司。因爲這個階段的公司，才會給他足夠多的員工選擇權。

其實不一定要進入新創公司，很多大型企業同樣充滿機會。但是，你必須加入一間有成長性，以及會受到重用的公司。當然，競爭力要夠強，才有辦法進入你的目標公司。

很多人不知道，職場的祕密是你每換一次工作，都要越換越好。每換一間公司，都是一個新的機會，也是一條新的賽道。我那位朋友的彎道超車機會，來自不斷爭取加入有潛力的新創公司。你彎道超車的機會在哪裡呢？

你不超車，就等著被超車

職場上的夥伴，是一種合作也競爭的關係。

別看同儕間平常和樂融融，機會來臨時往往不是雨露均霑。你會不斷遇到這樣的場景，公司內部有升遷機會，但名額只有一個，爭取到的不是你就是別人。這時，你是極力爭取，還是眼睜睜看著別人搶走？

如果你是職場新手，可能覺得還好，本來也就不預期自己會得到好機會。但是，如果你已工作了一段時間，眞的能忍受永遠在台下幫別人拍手嗎？還是，你也希望自己是可以彎道超車的人呢？

別以爲初入職場，這些就都事不關己，我認識的許多高成就者，在非常年輕時就有著超乎常人的超車速度，經年累月累積，才終於爬到最後耀眼的位置。這裡說的「超車」，未必代表獲得主管職的晉升，而是代表職場上的任何機會，可能是執行新專案的機會，可能是增加讓自己被大家看到的機會。

如果你永遠當個不超車的人，最後可能會連別人的車尾燈都看不到。因爲職場上有高比例的一群人，永遠懂得爭取每個超車機會。

超車的感覺，很快活

進入職場的第一年，我多數時候埋頭苦幹，事情做得很多，被人看到的卻少，符合多數人的職場心聲。

有一次，我在工作上有了重大突破，發現公司系統存在一個沒人發現的問題。這個問題讓我很著迷，也為此研究了好幾天，並提報給主管一份完整的建議書。讓人驚訝的是，這個提案竟在組織內被一層層上傳，接著更獲得了公司高層的重視。我終於理解，即使身處龐大的組織，只要你做的事對公司有意義，有天一定會被人看到。

有天下午我接到一通電話，竟然是公司的資深副總裁，透過祕書約我隔天早上見面。我抱著七分緊張、三分興奮的心情，打開電腦開始準備隔天的報告。我知道那是極佳的機會，需要好好把握。當晚，我不停反覆地練習隔天的報告。

隔天，我順利完成報告，沒有讓人失望，也沒有讓自己失望。我知道，這樣一次的機會能抵過兩、三年的埋頭苦幹，在公司從此有了能見度。那是我第一次感受到職涯超車的滋味，說真的，好極了。

職場的晉升和機會，通常來自你一次次被人看到的累積。我知道，這件事我確實被看到和肯定了。之後，直屬主管找我聊聊對這件事的看法，他要我記住這種感覺，而且要複製這種感覺。主管和我說，大家或許不會記得我每天埋頭苦幹做了哪些例行工作，但是，大家絕對會記得我這天做了一件大事。

當機會來臨，準備好當仁不讓的勇氣

在我們創業的歷程中，每次公司有主管缺，永遠都是先在內部尋找合適的人選，真的找不到，才會向外尋找。因此對團隊來說，每次釋出主管缺，都是一個可爭取表現的機會。但可惜的是，多數情況下，組織內部都沒有人好好把握這些機會。

幾年前，有次公司又有個主管缺，我們照例徵詢內部的可能人選，好幾個人都推薦團隊中的一位資深成員。

面談當天，他緊張到完全沒辦法把話說清楚，頻頻打結。更糟糕的是，在面談過程中，完全沒感受到他想爭取這個職務的強烈意願，他只反覆地說「不排斥」這樣的機會。最後，我們當然不敢將這個重責大任交給他，而是選擇花更多時間，向外尋找適當人選。

奇怪的是，後來我們輾轉聽到，這位同事其實對於主管職務期待已久，也有高度興趣。聽到有主管缺時，也主動說他想爭取這個機會，因此才會有這麼多人推薦他。我不禁納悶，爲什麼當下他的表現，和來自別人的資訊如此不同？

基於好奇，我決定找他問個究竟。這才知道，他雖然想好好表現，但平常疏於準備，所以對於突如其來的機會措手不及，緊張到失常。至於爲什麼沒表現出積極的意願，他的回答是，擔心自己太積極爭取，會給人留下不好的印象。我對於他這樣的想法相當震驚，如果沒有讓人感受到你眞的想爭取這份工作，別人又怎麼會放心把職位交給你呢？

這其實是年輕工作者常遇到的問題。你必須知道，職涯路上不會總是有機會來臨，一旦錯過，有沒有下次都是未知。你必須在日常就好好準備，並在機會來敲門時緊緊抓住，表現出當仁不讓的勇氣。我勸他，現在就開始把握隨時來敲門的機會，多找機會對團隊練習報告，在下次機會來臨時，勇敢和主管說自己就是想要這個機會。

不久後，這位同事離開了公司，但我很高興地聽說，他在另個頗有規模的公司，獲得了期待的主管缺。

• • • • •

Q 長期待在同間公司，也能一直有升遷機會嗎？

A 當然，每個人的際遇都不同，很多人可以穩穩待在同個公司，長期來看也發展得很好。不過，你可以觀察到，這樣的人在組織裡，也往往比其他人更積極、認真，並且永遠會在熟悉目前職務以後，準備好面對更高階職務的機會。因此，在職場中，帶著「野心」還是相當重要的。

• • • • •

Q 聽起來，彎道超車需要的還是運氣？

A 職場從來不是講求公平的地方，需要努力，也需要運氣。只不過，運氣是留給準備好的人。只要夠努力，每隔一段時間，你總是會出現一次好運氣。但是，能不能好好把握，就看你是不是夠努力了。

……

2-4 設定未來十年的自己

成長過程中，父母給了我和哥哥很多的愛和溫暖，以及衣食無慮的環境，所以我很少去設想未來。剛入職場時，我才第一次意識到，應該對未來有些規畫。不過整天忙的事情也多，索性就擱著不想了。

有次，一位前輩看我剛入職場，找我去聊聊。他劈頭就問我：「希望未來十年變成什麼樣子？」當時，對還是菜鳥工程師的我來說，實在沒有太多想法。唯一想到的，就是在組織的金字塔往上爬，下一步先變成一個小主管。聽完我的回答，前輩建議我去找主管聊聊。

前輩希望我弄清楚兩個問題：一是「未來十年我能爬到哪裡？」，

二是「如果順利爬到那個位置，我會開心嗎？」

我鼓起勇氣約主管共進午餐，主管也賣力和我分享職場點滴。他告訴我，如果一輩子待在這間公司，以我的能力，應該可以變成第一線或第二線的主管，也清楚告訴我，他的位置每天要做哪些事，以及爲哪些事煩惱。

說眞的，光聽他講那些工作內容，我就覺得心煩，絲毫不覺得坐在那個位置很讓人開心。主管告訴我，在我們這樣的大公司裡，他的位置還是屬於「執行者」，負責執行更上層職位的人想要做的產品。即使他對於產品有很多想法，現實上還是很難發揮。

我完成了前輩指派的功課後，覺得有點失落。

忽然，好像已經可以預測自己待在這家公司的五年、十年、二十年了。我也發現，原來我根本不想變成大企業經理人。我的夢想在其他地方，也就是在學校期間曾想過的創業生活。

我想了想，我眞正的熱情，是靠自己的力量用網路做出點什麼，並希望它們可以改變世界、讓很多人使用。簡單來說，就是「創業」。當然，我也希望變得有錢，但它該是這個目標所伴隨的結果。

想到這個創業版本的未來，我笑了。笑容是騙不了人的，當你眞心地笑，就會知道那才是你想要的未來十年。

多數人沒想過未來十年的問題，甚至連明年做什麼都不知道

設定好未來十年的目標後，我覺得很踏實，也開始喜歡問別人這個問題，和不同的人討論未來。除了可以獲得回饋進行修正，多說幾次，也能讓自己更相信，未來我眞的可以成爲那樣的人。

因爲知道目標的力量，自己當老闆後，我也很喜歡問部屬這個問題。面試問、考核問、不知道要說什麼的時候也問。我發現，多數人的想像眞的和從前的我一樣有限，要不就是在公司慢慢變成主管職，要不就是不知道。

作爲老闆，問這些問題時，是希望可以幫助他成爲他想要成爲的

人。但如果連他自己都沒有概念，不僅無從幫忙，也會擔心他會不會像從前的我一樣，沒認眞想過這些問題，而要等到眞的過了十年，才發現自己沒有走上眞正想走的職涯路。

如果你處於職涯的前半場，我鼓勵你把這些事想清楚，因爲當你有個十年目標，會發現生活有意義許多。對我來說，那個笑容，是推動職場生涯的重要時刻。因爲我終於知道，自己是爲了什麼而繼續努力。

以樂觀的態度看待未來

設定未來十年的自己時，**你的想像可以遠大，但必須很實際**。如果你想創業，卻連創業主題都沒想清楚，期望十年後擁有一間比台積電大的公司，這已經不是夢想，而是幻想。活在不合理的幻想，你反而會很痛苦，因爲九九．九九九九九%注定會失敗。最美的夢想是預期需要很多努力，但確實是可達成的。

我同時鼓勵大家，不要被現狀框住。

多數人想到的未來，仍是留在現在的公司、現在的產業。當你把自己框在這個範圍，大概只能想像升爲公司主管，沒有其他可能性了。但是，如果你的觸角更廣，會發現有很多人可以作爲參考對象，除了主管，你的老師、學長姊、同儕、工作夥伴、客戶、供應商等，他們的角色都是你可以想像的範圍，每個人的未來都可以海闊天空。

如果有這麼多未來可以選，你會選擇哪一個呢？以我來說，我選擇成爲創業者，也不是憑空夢想出來的。在我當上班族時，就已經認識很多創業家，也羨慕他們的生活，只是，我從來沒有勇氣眞的做出決定。當我認眞想像未來十年的自己，有了確切的時間點，我才眞的有了勇氣，爲自己做出這個決定。

從未來目標，反推自己現在該有的作為

當我發現自己的夢想並不是在職場階梯向上爬升，而是去創業時，我開始從十年後的想像，反推現在的自己。

第一個發現就是雖然我很努力，但努力方向並不完全正確。如果想創業，我應該具備全方位的能力，而不只是在工程技術方面變得很強。於是，我開始找很多創業家談話，從他們身上了解自己到底缺少什麼。我發現自己有足夠的技術底子，但缺乏商業思維，所以開始閱讀商管書，努力用工作之餘，上了好幾門管理學院的學分班課程。

我並沒有等待十年才創業，當我開始萌發這個想法，不到一年，我就離開了原有的大公司開始創業。因爲等待是一種痛苦的感覺，每一刻我都想趕快放手去做。當我離開公司，爲自己努力的那一刻，我第一次認眞相信，我可以成爲十年後想成爲的自己。

每個人的夢想不同，我想創業，但你不一定需要創業。很多人的夢想是在企業裡發光發熱，所有夢想都是很棒的。不管你的夢想是什麼，一定要有夢想，因爲那是支撐你每天上班的力量。如果現在的每一天，和你的夢想是牴觸的，我建議你離開現在的舒適圈，勇敢去追夢。

我有個朋友是位國小老師，她很想開美式餐廳，那是她一輩子的夢想。她和我分享，當知道自己該做一件事情，而不去做的時候，簡直是人生最大的折磨。不久前，她終於決定面對最眞實的自己，辭去工作、考了證照，也貸了一筆錢，現在正在找餐廳的地點。我不知道她會不會成功，但她簡直變了一個人，不只熱情洋溢，看起來還年輕了十歲。我知道，那是因爲她找到了每天起床的力量。

Q 追求夢想很好，但現實常常就是有各種無奈？

A 真實生活常常是「夢想」與「現實」的妥協，也就是在兩個極端值找到中間點。但是，如果你沒有朝「夢想」那端做任何努力，可能永遠就只能屈於現實。設定未來幾年的目標，就是給自己一些做夢的勇氣。

Q 我不知道自己想追尋的是什麼?

A 這很可惜，也代表你只是把現在這份工作視為一份「糊口」的工具。如果這份工作並不能帶給你薪資以外太多的意義，也許該試著換一份很不同的工作。很多人是在從事了幾份不同的工作後，才知道自己喜歡的是什麼。

2-5 別急著學別人，建立自己的職場風格

職場上，別人擁有的總是看起來比較好。你羨慕別人的職務、別人的工作、別人的個性、別人的能力，其實，別人或許也同時在羨慕你所擁有的。

剛入職場時，我常常想變成別人。

後來，我才慢慢開始享受做自己。我可以學習別人，但也可以學習別人的心法，來建立自己獨特的風格。

別讓性格阻礙你的職涯發展

我天生是極度內向的人。

國中以前，我幾乎不和同學講話。曾經我做過一個「內／外向量表」，如果最內向是零，最外向是十，雖然我可以在外裝得像五，但檢測出來的天性就是零，也就是標準的內向性格。

這個世界總喜歡爲不同性格的人貼上不同標籤，比如說，內向的人不適合當業務、內向的人不適合當領導者，以前聽到這些，會覺得有點傷心，也覺得很疑惑，爲什麼內向的我就不能做這些事呢？

工作多年，在社會化的過程中，我常需要與人交談或公開演講，也許外在能改變，但內心依舊還是內向的自己。離開人群後，我會趕緊逃向自己一人的舒適圈。我喜歡一個人看電影、一個人吃飯，且從不覺得奇怪，反而覺得很自在。別人說這樣有點怪，但我一點都不覺得。

以前，我也眞的相信企業老闆或業務都很外向的說法，直到認識了更多人才明白，內向的人大有人在。一個人的天生性格不是重點，重點是解決問題的能力和職場熱情。我曾看過一個極度內向的明星業務，他天生就有打動人買東西的能力，他靠的不是口才，而是眞誠以及永不放棄。

無論你的性格如何，我相信在職場上，都有某種優勢可以讓你發揮。理性、感性、內向、外向，都可以有做夢的勇氣。

標籤是自己貼上去的

我大學唸的是土木系，曾經有個女同學畢業剛到顧問公司時，被派去工地，整個人覺得很挫折，因爲不管同事或家人，都覺得這不是女生該來的地方。久了，連她都開始懷疑自己是否適合這份工作。你可能很難想像，在現在這個時代，大家對於性別還有這種刻板印象。

但過了幾年，她並沒有放棄，不但考上證照、成爲公司非常重要的成員，還自己開了間顧問公司，成爲負責人。我曾問她是否想過放棄，她點點頭回答我：「曾經想，但後來發現，那些標籤其實是自己貼上去的，你以為別人這麼想的時候，你就為自己貼上那個標籤了。」

最近這次創業，我和太太創立的是二手精品電商網站 PopChill。過去一年多，每次媒體來訪問我們，記者朋友喜歡問我的是「對產業的看法」，喜歡問我太太的是「如何兼顧家庭和工作」，這也是一種標籤。有次一位記者忽然問我，「怎麼看待家庭生活？」我愣了一下，太太在旁邊狂笑，因為這個問題她早已回答過無數次。

踏入精品領域，對於我這樣不時尚的男生，真的是一項挑戰。但是，我想起那位同學說的，標籤是自己貼上去的。雖然我不懂精品，也不懂時尚，但我買了時尚雜誌，當成課本一樣讀，還在上面畫重點。我發現，阻礙你的常常不是別人，是自己心中的那些障礙。

如果你也被某個標籤限制了發展，我想告訴你，可以自己把它撕下來。那不是別人幫你貼的標籤，只是你自己貼上的。

參考別人的方法，但更要學習心法

以前我曾有個直屬主管，他的管理方式極具個人色彩，和他說過話的每個人，都能馬上感受到他的氣勢。雖然他相當嚴格，所有部屬都很服他，是位天生的領導者，是我見過最有管理魅力的人。

我曾試著學他的說話方式、他的管理風格、他的思考方式，試著學他的全部，但我發現怎麼都學不像，還覺得很心累。一陣子後，我變成了「四不像」，因爲我不是他，「東施效顰」的結果，是在公司管理上很彆扭。後來，哥哥跟我說，每個人都有自己的特質，這些表相是學不來的，也不一定要學。於是我重拾自己的方式，還是當自己最自在。

後來我理解到，我們該有職涯導師，從別人那裡獲得啓發，但不要學著當別人，而是學著更認識自己。你可以學到一些別人做事的「方法」，但更重要的是學習他們的「心法」。藉此融合出一套你自己的心法，用它來建立自己的職場風格。

在職涯慢慢定型後，我發現做自己還是最自在，也才能長期保持對工作的熱情。無論你是誰，你的個性、天賦如何，都一定能在職場中找到屬於自己的優勢。

我在別人眼中是什麼樣的人？多聽真話

當老闆後，我曾以爲自己是果決明快的主管，事事都可以很快下決定，還爲此感到自豪。有次請同事給我匿名回饋，才發現很多人覺得我雖然動作快，但常常「朝令夕改」，更糟的是，改變了也沒把事情的來龍去脈和大家清楚說明，這部分讓和我一起工作的人困擾不已。

說眞的，在我的世界，從不覺得這是個問題，沒想到會造成大家這麼大的困擾。我開始試著改變，並盡量從別人那裡得到眞實的回饋。一般人不喜歡說人不好，所以言談間會試著隱藏。如果你眞的想知道他人的眞實回饋，必須開門見山地告訴對方，你十分歡迎他的任何意見。

一般來說，在職場上應該要常常知道主管、同儕、部屬是怎麼看待你的。主管的部分，可以跟他約時間，請他直接點出對你的看法。同儕間，可以用比較輕鬆的方式，請大家給你眞實意見。部屬的話，匿名問卷可能是最有效的方式。

職場上充滿了「假話」，這些虛僞的好聽話，已經多到你不需要再聽了。有人願意回饋，告訴你「眞話」，不管好不好聽，我們都應該心存感謝。工作這麼多年，很多人對我說過「好聽話」，但我更感謝的是幾位曾經跟我說眞話的「貴人」，他們讓我有機會成爲更好的人。

• • • • •

Q 我常覺得自己的個性很難成功，個性會阻礙我的發展嗎？

A 個性確實可能阻礙你的發展，但應該讓這樣的阻礙降到最低，甚至將它轉為助力。找到自己的個性優勢，不讓自己被貼上任何標籤，就從「相信自己」開始，相信現在的個性可以讓你成功吧。

Q 如何面對真實的自己？

A 真實的自己往往沒那麼完美，多數人不會告訴你真話，因此，你要珍惜那些願意告訴你真話的人。職場（或人生）是一條修練的過程，試著和不完美共存，並持續調整自己，一天天變得更好，就會朝著成功的路邁進。

第三章

修練職場軟技能，放大硬實力

3-1／好的職場人際關係是大大加分

你以爲辦公室是個大公無私的地方？眞的不是。

在多數公司，它更像一個個小派系合成的幫派，講求的是彼此的信任關係。不管你的公司有多強調沒有派系鬥爭，都很難是眞的，有人聚集的地方，就不免會有這些事發生。

以前有個同事工作能力超強，但講話過於直接，從不給人留情面。幾年下來與辦公室的每個人爲敵，沒有任何盟友。後來，他一直無法理解，爲什麼他的提案總是面臨大家的阻礙，只怪大家頭腦不好。其實大家不是頭腦不好，只是會看風向，很難對自己的敵人情義相挺。

我不是講話直接的人，但也同樣曾在辦公室面臨很大的人際問題。當時我就像個獨行俠，永遠自己一個人吃飯，看到主管也閃得遠遠的。我自認有將工作做好，不需要「巴結」任何人。

後來，我的職場導師告訴我，這樣眞的不行。如果我可以將工作做到九十分，那人際關係至少也得有七十分。因爲職場成就最終將是兩者的平均，如果人際關係是零分，無論一個人工作表現再優秀，職場分數都不可能及格。

把茶水間閒聊當正事看待

因此，我決定努力改變自己。第一個努力，是「守在」茶水間，努力製造和別人聊天的機會。以我這麼內向的人來說，主動製造話題眞的很難。因此，擅長聊天的太太教了我一個簡單的談話原則：永遠「把焦點放在對方身上」。只要做到這一點，一般來說，都可以順利地聊下去。多數人喜歡談自己，也花太多時間談自己，談話時，只要多放焦點在別人身上，就可以讓對方覺得跟你說話很舒服。

爲了增加茶水間對話的機會，每次去倒水，我都會刻意用最慢的速度走路和裝水，故意洗一下杯子、多站一會兒，盡量找機會和別人說話。對我來說，這需要刻意練習，剛開始有點辛苦，久了，其實還滿有趣的。我開始關心別人假日過得如何、關心他們的孩子和寵物。我才發現，當大家不聊工作時，心會變得柔軟，彼此間的防備也會降低。

這是建立盟友的好方式。有了一些軟性對話後，就比較容易將對方當成自己人。一旦建立起這種自己人的關係，你在職場上會突然增加很多資訊——來自於這些「自己人」，而非正式管道。你也會發現，工作上的很多想法比較容易得到這些人支持。原因無他，因爲你們是「自己人」啊。

當辦公室有很多「自己人」的時候，工作的推展能不順利嗎？

點頭之交是你最強的人脈圈

一般來說，在認識的人當中，只有少數會是知心好友，多數人都只是彼此的點頭之交（弱連結）。當你在職場中需要幫忙，會發現多數時候依賴的並非知心好友，因爲這些人的數量太少，剛好能滿足你需要的機率不高。反而可以幫得上忙的是點頭之交，他們是群螞蟻雄兵。

想建立點頭之交的弱連結，平時就需要花時間經營，如果你不刻意做這件事，即使是弱連結的人脈圈，都很難建立起來。關鍵就在於，**和你認識的多數人，至少保持一點點聯絡**。例如，某次會議坐在你旁邊的人、朋友的朋友、久未聯絡的同學、前公司的同事等。

弱連結的朋友，雖然跟你不熟，但如果需要幫的忙不算太大，多數人還是願意發揮舉手之勞。而這些對他們來說的小事，對我們來說，可是件大忙。

在我當老闆創業後，尤其感受到弱連結的重要。從找員工需要的資歷查核、尋找異業合作的對象、詢問產業知識等，都常常需要依靠弱連結的朋友幫忙。我常在想，如果連這些弱連結都沒有，那麼，要做好一件事還真的很困難，全都只能靠 Google。

生活在網路時代前，經營弱連結很吃力，需要靠電話和見面聯繫，現在有了 IG、FB、LinkedIn 這些社交工具，弱連結的經營變得簡單很多，偶爾在別人的貼文下留言，也算是一種關係的維繫。別以爲留個笑臉不重要，**每留一次，都能再次確認你和對方的關係**。

除了可以偶爾當「受幫助者」以外，也別忘了常常當「給予者」，每幫助弱連結的一個人，就是強化和對方關係最好的方法。雖然這樣聽起好像很現實，但沒有人喜歡幫忙冷漠又不關心別人的人。不用勉強自己和弱連結的人變成知心好友，但維繫好這些不熟的朋友關係，對職場生涯可是有很大的幫助。

隨著職場經驗逐漸積累，你會發現多數人職涯的前幾份工作是透過求職網站，但後幾份工作多半是靠弱連結。當市場上出現好的工作機會，最先得知的，也往往是內部人的朋友，希望你也在這些連結裡。

在產業圈建立好名聲

有句話是這麼說的，「工作圈子很小，必須留個好名聲給人探聽」。其實，每個產業都是封閉的小圈圈，任何兩個同產業的人，幾乎都會在彼此的兩、三度連結內，要打聽到一個人的過去，實在不困難。以我自己在網路圈的經驗，看履歷時，多數時刻都可以想到有弱連結的朋友可能認識他。這時「打聽」是一定要的，因爲你會得到比面試更眞實的回饋。而且弱連結的朋友通常會告訴你眞話。

我有個朋友做事還算認眞，但是，有次要離開原公司，爲了資遣費的計算方式和公司鬧不愉快。最後，用「擺爛」的方式，完全不交接就離開了。可別以爲這樣只是對不起這間公司，多年後，他才意識到這樣做其實是對不起自己。這件事被廣爲流傳，成爲業界茶餘飯後的小小八卦。想想，未來你敢用這樣的人嗎？我是不敢，因爲無論當時眞相如何，他似乎就是個愛計較的人。

要建立在業界的好名聲，除了將工作做好，還有很多積極的方法可以嘗試。很多人用自己的職場優勢建立名氣，讓大家在找相關知識或人才時，很容易就想到你。例如，我們公司以前用過在業界很出名的主管，他除了常寫文章發表產業看法，在外也有自己的 podcast 節目，這些都是建立產業地位很好的方式。但也請小心，不是每間公司都喜歡員工在外高調，要這麼做前請務必先確定公司是否支持。

• • • • •

Q 如果不太擅長交朋友，怎麼在辦公室建立盟友？

A 就算不擅長與人交往，在辦公室還是要努力有「自己人」。先從座位附近的同事開始，主動釋出善意，建立起一點友誼。同事間的私下聚會、員工旅遊等，也不要錯過這些非工作場合的交友機會。

Q 如何開始建立弱連結人脈圈？

A 許多下班後的課程或活動，都可以建立起自己的產業人脈圈。社群網站也是有效建立弱連結的工具，光是經營自己的社群媒體（IG、LinkedIn），就可以頗有效地建立起人脈圈。若是公司支持，在網路上發表相關文章，也是一項快速增加自己產業聲量的好方法。

3-2 生命中遇見好的職場導師

我是一些人的職場導師，很願意無償給予他們意見，對我來說，除了和他們交流非常愉快，也是我獲得產業資訊的一個好方法。我和這些人算是職涯上的朋友，有些人稱我爲老師，有些人會直接叫我的名字。我知道我是他們的職場導師，是因爲每次他們遇到麻煩，就會出現在我眼前，因此當他們急著找我的時候，我的心情往往也很複雜。

我自己也有好幾位職場導師願意讓我諮詢，他們回饋這個世界的心，都讓我十分感激。很多人從來沒想過要找職場導師，眞的很可惜。其實在職場上，你不用孤軍奮戰。有好的職場導師當盟友，是非常好的機會，讓你能從更完整的視角認識自己以及對職涯的看法。希望你也能試著找到能幫助你的職場導師。

最少該有兩、三位職場導師

在我的經驗中，無論身處任何公司的任何職務，都需要有幾位職場導師。但是也請注意，職場導師最好能夠和你沒有任何利害關係，因此，現任主管可能不適合。因爲，你總希望職場導師給的建議，是完全眞誠的吧。一般來說，職場導師會比你資深，走過你正在走的路，因而能當引領你的一盞燈。

我在大公司當菜鳥工程師時，我的職場導師多半是其他軟體公司的高階技術主管。他們的建議，都對我的職涯有很大的幫助。尤其，當我極爲想要找到方法，坐到跟他們一樣的位置時，他們的經驗對我來說，眞的是十分寶貴的指引。

後來，我換跑道開始創業，因爲需求的不同，職場導師自然也換了，變成資深創業家。我們都是創業者，我走過的路他們大都已經走過，因此，他們更能懂得我面對的困難。尤其，當我面臨經營公司的困境，有時其實無法和同事分享。和導師訴苦，詢問他們的建議，其實也算是一種心理治療。

如果只有一位職場導師，可能會有些偏頗，畢竟每個人都還是有自己的主觀意見。因此建議至少有兩、三位職場導師，多聽聽不同的說法，再做出自己的決定。

如何找到職場導師？

有人會以爲，找職場導師就像認乾爸、乾媽一樣困難，於是始終沒有行動。其實這件事很容易，通常，就是找與你有直接或間接關係的前輩。只要你欣賞他的作爲、主動聯絡，很高機率他也會對你釋出善意。之後，當你遇到其他事情，再進一步去請教他，也不會顯得突兀。

不一定要稱呼對方爲「職場導師」，這樣稍嫌刻意，太正式反而有些尷尬。可以把對方當作熱心的前輩，自然一點就好。和職場導師保持關係的方法，就是不時和他更新你的動態，不要每每「出了大事」才找對方。

也不用逢年過節送禮，但每次換工作、職務調整、工作上發生什麼大事，都建議文字或口頭跟對方更新。每一次更新都是彼此關係的再確認。時不時有所聯繫，讓對方知道你確實重視他，關係其實就夠深了。

在國外，有些人會找付費的職場諮詢教練，在台灣反而很少聽過有這樣的事。尤其，如果你進社會還不久，在業界與幾個敬愛的前輩維繫好關係，這樣也就夠了。我和這些職場導師的對話，常常開頭是描述我的問題，最後詢問對方：「如果是我，你會怎麼做呢？」而我，也不一定會全數照著他們的回答決定，人生該由自己掌舵。但是能夠適時跳脫自己的觀點，從對方的回答得到啓發，也就十分值得了。

有天，你也可以成為他人的職場導師

從我的職場導師們身上，我獲得了很多收穫。由於我們有著不同的生活經驗，往往他們只是隨意提點幾句，就可以對我造成內心衝擊。

創業後，記得有次和一位職場導師對話，只有短短的三十分鐘，我卻足足花了一整個星期，才將那段談話消化完畢。

他提點我，當時我們什麼都想做，但什麼都沒做好，我們應該要能清楚地用一句話讓其他人知道「我們究竟是誰」。常常，啓發並非是對方給了你什麼明確的答案，而是對方拋給你什麼樣的問題讓你去思考。只要是人，自然會有很多問題需要解答，但並非每個問題都一樣重要。靠自己也不一定能想到所有問題，職場導師就在你遭遇困難時，提供不同的觀點、點出關鍵問題，增加你對前方視野的能見度。

可別認爲自己的經驗越來越多，就不需要客觀的第三方意見。以我來說，創業總需要募資，雖然我過去也有相關經驗，不過當局者迷，最近遇到 PopChill 募資問題，我還是會乖乖去請教職場導師。我請益的這些人未必會告訴我好聽話，但我想聽的，就是他們最眞實的意見。

我所認識的職場導師，他們也都有自己的導師，能夠在遇到問題時獲得對方協助。這樣的人脈，除了環環相扣，其實也是代代傳承。有天，當你在職場上有所成就，能帶給後輩一些啓發，希望你可以回饋這個世界，成爲他人的職場導師。

• • • • •

Q 每位前輩的意見都不同，該聽誰的？

A 同一件事，每個人都會有自己的看法。但別忘了，他們都不是你，只有你才是自己的主人。因此，搜集完大家的意見後，還是要自己做決定，做錯決定也怪不了別人。

• • • • •

Q 如果我不想找職場導師，有替代方法嗎？

A 職場導師可以針對你的問題，給予最直接的建議和回答。如果你排斥這樣的方式，另一個方法是透過大量的閱讀，累積知識也找尋問題的答案。

3-3 學習曲線趨緩很正常，請不要輕易放棄

在職場，到職的前幾天總是學習曲線最陡峭的期間，每天資訊大爆炸，所有事情都是第一次知道。之後，學習曲線就會變慢，越來越趨緩，有些人到後來，就會覺得沒什麼好學的了。職場不是補習班，遇到學習天花板也是很正常的事。

這時，不要緊張，也別急著換工作。如果每次學習遇到瓶頸就換工作，你的履歷表會「長」到很可怕。所有公司在找人時，都很怕看到密集換工作的求職者。無論你有多大的強項，光是工作不穩定這點，就很少有公司敢雇用，因爲每次找人，公司都需花費很大的成本。

努力在工作中橫向學習

很多人會問，如果工作都上手了，不離職該如何持續學習？如果你認爲一直待在同間公司會阻礙學習，這樣的觀點可是大錯特錯！我的建議是，如果工作已經上手，就**把團隊其他成員的工作也都學一學吧**！

一般公司都有職務代理人制度，這個制度的出發點，是希望有人出缺時，其他人可以穩定替代。這個制度剛好是「好學者」的天堂，提供你名正言順的學習機會。

以太陽馬戲團爲例，每場節目都有多如牛毛的角色，又是天天演出，大家各有狀況需要輪流休假，團裡總會有一些人，除了自己的角色，也可以擔任別人的。如果有人可以演出多個角色，誰出缺，他就頂替誰，除了自己能夠學習到很多額外的技能，在團隊中，他的重要性也必定會比其他人高。

我有個朋友，在公司最爲人知的事蹟，就是他主動去跟主管和所有同事說，自己的職涯目標是成爲大家的「職務代理人」。很少聽過有人有這樣的目標，但這其實是很有遠見的一件事。把這句話翻譯成白話文就是：我想學習每個人的工作。

這位朋友除了自己的工作，也花費大量時間把別人的工作內容通通學會，學完自己部門的，其他部門的工作也想學。當一個人有這樣的企圖心，你會發現，一間公司裡可以學的事情太多了，永遠不會有撞到天花板的問題。後來他的主管離職，你猜公司提拔誰當主管？當然是他！因爲他可是有練過的！

定期盤點自己的實力

我遇過一位面試者，面試過程進行得頗爲順利，本想錄取他，不料面試結束後，他誠實告訴我，他對於加入我們公司沒興趣。並非是我們公司出了什麼問題，而是他現階段根本不打算求職。他只是每年的這個時間點，工作比較輕鬆，會出來市場看看，檢視一下現在有哪些工作機會，順便盤點自己的實力。他感謝我們幫助他認識自己，現在他更清楚未來一年要加強哪些地方。

當下我有些傻眼，畢竟我們在他身上花費了不少時間。我也並非鼓勵你這樣做，因爲這樣確實有風險存在。只是單純分享有人是這樣盤點實力的。不管你的方法是什麼，你必須找到自己盤點實力的方式。

剛當菜鳥工程師時，我的工作是技術職，盤點自己實力的方法，是不斷考各種證照。在電腦技術領域，很多公司都有專門的認證，當我對一個領域有興趣，我會花不少時間準備，並報名考試。考上證照對求職可能有幫助，而且也是對自己的一種肯定。

創業以後，我需要的主要工作技能不再是技術，而是商業思維和管理能力。每年農曆年快開工時，我都會拿出一張空白的A4紙，把自己熟練的所有能力，與不是那麼熟悉、但覺得重要的所有能力，寫滿整張紙，藉此提醒自己，今年應該要學會什麼能力，讓自己不會被淘汰。

比如去年，我發現自己對區塊鏈和 web3 有些脫節，於是我立志加強補足這些知識，安排時間在Coursera上課。今年年節，我發現自己又回到太少和人交談的舒適圈，於是就再勉勵自己多出去參加活動。

當我以旁觀者的角度看自己，我發現自己該加強的，不是平常就已經不斷接觸的領域，反而是一些現在用不上，但可預見未來三、五年可能用上的新技能。

我是這樣訓練自己的，你呢？

遭遇重大瓶頸時，不妨去上課

二〇一六年時我已工作了近十個年頭，真的覺得有些疲乏。在大學階段，父母就很鼓勵我，有天可以再回學校讀商科學位，也許會很受用。雖然我一直沒有行動，但當初這些話，也在心裡種下一個未完成的種子。

於是我下了一個決定，重回臺大讀EMBA，之後也順利地申請上。在臺大EMBA近三年的時間，我對於很多事都有不同的體悟。除了商業上的體悟，更多的是人生體悟。在EMBA期間改變了我很多想法，我太太也都看在眼裡。我畢業後，她也接著去唸，成爲我的學妹。

EMBA提供了一個環境，讓我重溫學校生活。在商場多年，其實很難再有校園的單純環境，去認識沒有利害關係的朋友。從同學和老師的生活故事中得到啓發，這都是閱讀書本無法獲得的。

上EMBA課程，不是我畢業後第一次回到校園，在此之前，我就已經遇過多次瓶頸，有時是技術能力的瓶頸、有時是商業能力的瓶頸，有時則是心情上的瓶頸。因此，我早已進出校園多次，也上過多種完全不同類型的課程。在這個年代，想要學習的話，有太多地方可以讓你達成目的。或許也未必要到學校上課，線上課程如Coursera，其實也提供了極佳的學習環境。

很多時候，當你心累時，會覺得靠自己的力量學習很累。系統性地去上課，能把心帶到另一個地方，讓你恢復學習的節奏。不一定要花很多錢，也不一定要花很多時間，有時光是上一堂免費的線上課程或活動，就足以讓你找回許多初心。

‧‧‧‧‧

Q 怎麼開口要求學習別人的工作？

A 職場上最缺的就是「主動」的人，永遠不用擔心自己的主動會過於突兀，在主管眼中，這都是一種加分。主動和主管約一對一的面談，討論你的生涯規畫，告訴主管你目前在這份工作的狀況，以及心有餘力可以分擔別人工作的想法。

‧‧‧‧‧

Q 幾歲時適合回學校進修呢？

A 這和每個人不同階段的工作狀況有關。對很多人來說，最有動力是在工作遇到瓶頸，也恰巧工作本身時間較有餘裕的時候。對多數人來說，在這樣的狀況下重返校園，往往會有意想不到的收穫。總之，如果你有這樣的想法，也有相應的金錢和時間，任何時間都是好時間。

3-4 未來職場一定會與現在大不同

職場需要的專業能力是非常動態的。還記得大學畢業那年，臺大老師叮嚀我們，學校知識的保鮮期最多十年，之後職場所需的所有能力，都得靠自己學習。

過去我們要擔心的，是其他人超越你。在新經濟下，我們還需要擔心機器人來勢洶洶地取代人類的工作。如果你已經在職場的後半段，也許不用那麼擔心，但是，如果你還處於職場的前半場，那麼，你要防範的不只是同事，還包括機器人。

這些機器人多半長得平淡無奇，就是一般的家用型電腦主機，它們正以飛快的速度，取代人類所有的高重複性工作。當我們在工作、走路、睡覺、度假，這些機器人都正在進步，挑戰越來越高難度的工作。

對高重複性工作充滿危機意識

我在史丹佛AI課程的老師曾說：「短期內，大家都高估了機器人的影響力；但長期來說，大家卻又低估了機器人的影響力。」最近幾個月，AI程式ChatGPT爆紅，大家都在講「AI」，也許你會覺得它是個泡沫，但長期而言，你會發現AI將像自來水一樣普及，非但沒什麼好討論，甚至討論起來還有些無聊。

如果你的工作充滿高度重複性，並且能用清楚的邏輯說明工作流程，那這項工作就有很高被「程式化（自動化）」的可能。如果這樣的工作現在還沒被程式化，也只是因爲程式目前要去取代效益更高的地方，還沒踏入這個領域，但被機器取代只是遲早的事。

這幾年我們創業做的都是網路應用相關的題目，很能理解自動化在其中扮演的角色。通常，我們會希望一件事在還未確認商業模式前，由人工先做，等到人工進行一段時間，確定這是對的商業模式，就會開始投入自動化開發。可以把這樣的方式想成用機器取代人，但更正面的觀點是**機器釋出了人的時間，讓人可以轉而去做更有價值的事**。

如果你花了長期、大量的時間，將自己的專長建立在機器能取代的工作上，眞的非常可惜。因爲就算你其他方面做得再好、晉升爲主管，甚至自己創立了公司，一切都還是可能被機器完全取代。

我會建議大家保持高度的危機意識，重複性高的工作不是不該做，職場上本來就充滿一大部分瑣碎、且高重複的工作，不管何種職務都有。但是，必須確認這樣的高重複性工作，不是你工作的主要部分，甚至是全部。

沒有人可以預見產業十年、二十年後的發展，但如果這件事有高機率會發生，要記得，你是有選擇的，你可以選擇離開目前的舒適圈。

十年後的職場一定和現在大不同

我不是趨勢專家，無法告訴大家什麼領域不會被機器取代，即使是專家，我想他們的猜想最後多半也是錯的。但可以確信，未來的職場文化一定和現在很不一樣。我們常將職場想成是靜態的，以爲只有裡面的人、事在變動，事實上，企業、組織、文化，都在不停快速演進。發生變化的不只是AI或技術，職場的每個面相，從古至今都不斷在改變。

新的管理工具不斷出現，例如OKR；新的管理概念，例如組織扁平化、去中心化組織；新的產品開發模式，例如精實創業，都不斷出現在這個世界。十年後的職場環境，必定和現在大不同，只是我們沒有人能夠精準預測它將用什麼樣貌出現。

如果你還處於職涯前半場，請務必留意那些新東西並加以學習，因爲職場後半場，可能需要的是另一套截然不同的模式和能力。

當環境改變時，你能夠快速學習嗎？

我有一位前輩朋友，曾是運輸公司的高層，在公司轉型之後，決定開除所有沒跟上數位化的高階主管。因此，二〇〇五年的第一個上班日，他被開除了。那年他四十五歲，正處於事業高峰，被開除的原因是因爲不會使用email。

當時他每天都有email要處理，但他始終沒跟上這波數位化的浪潮。他的解決方式是請祕書印出紙本，將回信內容寫在紙上，再請祕書打成email回覆。在職場上如此銳利的他，眞的學不會使用email嗎？不可能。他告訴我，連他當時十歲的女兒都會，但他始終沒有學會，是因爲他「太忙了」。

未來絕對會有類似的科技，像email一樣，突然出現就天翻地覆地改變大家的工作模式。無論未來你處於哪一個階段職場，你能夠適應這樣的改變嗎？

我那位前輩朋友在「被離開」原本的公司後，非常認眞去上了過去沒時間上的電腦課，也重新找到工作，並把這段經歷作爲警惕。

他提醒我，一定要跟上每一個新玩意，哪怕那些東西看起來只是「年輕人的玩具」，都要特別留意。

• • • • •

Q AI真的會取代我的工作嗎？

A 科技未必會完全取代你的工作，但科技必定會改變你的工作方式，而你必須學習適應。主流看法是，未來所有工作都將是AI與人類協同合作。實際場景現在還很模糊，但可以確定的是，我們必須讓自己保有高度的彈性。

• • • • •

Q 非資訊科系的我，該學會寫程式嗎？

Ⓐ

如果你還處於職場前半段，無論位於什麼產業或職位，我都建議你去上一次程式課，學習怎麼用程式和機器溝通。不用擔心自己的數學或自然不好，重要的不是真的變成程式高手，而是懂得和機器溝通的邏輯。在我的經驗中，這對各個行業都是有幫助的。

•
•
•
•
•

3-5 ／ 不用創業，但要有創業家精神

你可以不用創業，但無論在哪裡，你都必須有「創業家精神」。創業家精神就是「老闆思維」，懂得**運用最小效益，創造最大效果**。不被既有的框架限制，懂得求新求變，知道老路到不了新地方，隨時能夠靈巧轉彎。

當完兵後，我前往美國的史丹佛大學唸碩士，那是一間創業風氣很強的學校，有大半的人會在畢業後選擇加入新創公司，或自己創業。畢業後，我雖然進了大公司，但和很多創業的同學保持聯絡。在學校時，我們讀同樣的書，想法也許相似，但在職場打滾幾個月後，我們竟開始

變得不太相同。

加入大公司的人，思考會變得很仔細，因爲大公司通常承擔不起過於粗心的後果；創業的人則不同，他們思維靈活，事情還沒想完整就已經開始動手做。

一間公司不論大小，只要運作一段時間，就會開始出現組織慣性。組織慣性，指的是大家習慣依照現有的方式做事，並習慣性否定任何不同的做法。當慣性深到一個程度，組織就會僵化。

多數老闆會意識到這個問題，也想活化組織，而創業家精神是改變組織僵化的最佳解藥。如果你能將創業家精神帶進組織，用靈巧的方式做事，大家一定會看到你的表現。

如何克服組織慣性？

組織老化不是員工年齡偏高，而是組織內的做事方法變得「老舊」，而且容不下新方法和討論的空間。

通常，新人會對組織既有的怪方法最有感，會發現：「啊？這件事怎麼是這樣？」有時還真的很奇怪，一件簡單的事竟會搞得這麼複雜，新人當然也想提出一些建議，但通常很難被採納，因爲其他人會告訴你一百個不行的理由來否決。

組織慣性很難克服，因此，我建議新人不要一開始就挑戰大項目，通常會徒勞無功。比較容易的做法是先挑戰「投入成本很低」，但確實可以產生一點小改變的地方。而且，這個改變最好對大家都有利。

當你發現公司有很多問題，要沉得住氣，不要馬上拋出幾十、幾百個議題，這樣很容易被人討厭。從投入成本最低、但對大家最有好處的幾件事著手，才會一開始就獲得支持。

我們公司以前有位能幹的客服新人，剛加入公司就發現公司客服存在許多問題。但是，他選擇從一個最簡單、但對大家很有幫助的項目著手改變。他發現公司客服進線電話的安排順序很奇怪，假設今天有三位客服人員A、B、C輪值，進線電話永遠會優先給A，A通話中才會給

B，A和B都通話中，才會給C。因此A永遠很忙，C永遠很閒。每天主管會分配誰是A、B、C，被分配到A位置的人，永遠覺得苦不堪言，整天心情都很差。

你可能會想，這個問題顯而易見，怎麼可能沒有人去改變它？但眞實世界就是如此，所有組織都存在很多類似問題，再怪、再笨的事，都不足爲奇。

這位客服新人選擇先和主管溝通，取得主管支持後，他在內部會議上提出線路均分的想法，也就是A、B、C應該輪流進線。這個新做法對大家有益無害，因此順利獲得支持，他也獲得了主管的同意，負責和資訊部門溝通線路的調整，最後事情獲得圓滿的解決。

當大家的工作被均分，不再有累得半死的A和閒得要命的C，團隊氣氛開始輕鬆起來，也覺得這位新人是聰明人。但他沒有將這件事的功勞攬在自己身上，而是歸於大家的協助。當主管讚賞他，他只轉頭感謝大家的支持，讓改變得以順利推動。

完成這個小任務後，他也很努力維護自己和同事的人際關係。慢慢地，大家都覺得他是可以信任的人。接下來的幾個禮拜，他開始提出一些越來越大膽的建議，原本總是在會議上投反對票的同事，也開始默許他的提議。不只小改變，也開始有大震盪，終於，得以鬆動組織慣性。

你有觀察到他推動改變的兩個重點嗎？一是「從小處著手」，不要一開始就挑戰高難度的項目；二是將功勞「歸給大家」，如果你沒有好人緣，說眞的，要推什麼都很困難。

人生不妨加入新創公司一回

在我創業以前，人生最大目標是加入世上最大的公司，除了覺得被世界最強的公司錄取很光榮，我也相信在大公司可以學到一流的技術和管理方式。確實，我在大公司認識了非常多傑出的人，也學到很多，讓我在創業之前扎下很深的技術底。

原本，我應該會在大公司待一輩子，但因爲哥哥找我創業，意外成爲創業者。很多人以爲，新創公司是大公司的「縮小版」，把大公司的所有規模、預算、管理方式、產品規畫等，乘上〇・〇〇一就變成新創公司。但事實並非如此，新創公司的運作模式，和大公司截然不同。如果你對小公司不是特別排斥，我建議你，人生至少要到新創公司工作一回，會有很大的幫助。

新創公司爲了求生存，每天和時間作戰，再加上沒有太多包袱，「彈性」和「速度」幾乎是唯二優勢。新創公司往往像隻小老鼠，在角落生存，而不是直接在擂台上和大象對打。新創公司會先在角落壯大自己，再往舞台中央靠近，去迎接越大的挑戰。

一般來說，新創公司的步調都很快，「創新」不需要主管或企業特別要求，而是團隊與生俱來的天性，所以我們從來沒聽過新創公司需要「新創部門」，整個公司自然如此。在新創公司工作，是養成創業家精神最好的方法。

一直待在大公司，可能會很難想像創業家精神是什麼樣子，因此我還是建議，至少在新創公司工作一小段時間。新創公司確實風險較高，因此工作一陣子後，可以再回大公司工作，你會發現，當你回到大公司，有很高機率可以自然地將創業家精神注入所待的大組織裡。

帶著創業家的方法做事

創業家思維就是「老闆思維」。你必須想著，如果公司花的每一塊錢都是你的錢，你的做事方法是否會有所不同？

曾經我有個部屬，他是五人團隊的小主管，我發現他有個問題，就是過度保護部屬，非常害怕團隊有人工作量過多。因此，他想將團隊擴編成七個人，就能降低每個人的工作量。同時，他每天都在當「盾牌」，對於其他部門提出希望配合的事，他能擋就擋。他自認是好主管，也想像部屬心裡一定很感激他這麼做。

他以為自己這麼做是在保護部屬，但在公司互相給予匿名回饋時，我們發現這個部門存有很大的問題。部屬雖然覺得工作份量「適中」，但卻很沒成就感，他們反應主管不讓他們做任何例行事務以外的工作。其實，員工雖然不喜歡工作量太多，但更害怕自己長期待在沒有成長性的職務上。

看到這些問題後，我們和他深談，發現彼此的價值觀差異太大，最後不得已，我們決定更換新主管。要改變團隊的氣氛，我們覺得需要有強烈創業家精神的新主管，之後，我們也順利找到長期在新創圈的人選。

新主管的作風很不同，他不只把小團隊視為一個部門單位，甚至將它當成一家小公司經營。他知道過去舊主管擋掉太多事情，因此他和部門成員深談，把過去擋掉的工作讓團隊一起分工，一一接回來。結果，團隊士氣高昂，在沒有增加人力的狀況下，績效卻高速成長。

我詢問這位新主管成功帶領團隊的祕訣，他說他理解到，如果能把所待的每一家公司都當成「自己開的」，就很容易做出對公司最有利的決定。他的創業家思維（老闆思維），就是他成功的祕密。

Q 每個人都該嘗試創業嗎？

A 我不會鼓勵每個人都創業，沒有人是被別人逼出來創業成功的。創業非常辛苦，因此必須有強烈的動機和熱情再去做。加入新創公司可以得到類似的經驗，但風險要小得多，因此我鼓勵每個人最少該加入一次新創公司。

Q 快速試誤的創業精神，是不是不太適合大公司的工作模式？

A 如果你在某些產業或非常大型的公司，創業精神可能不適用於你的職務。但你永遠該認識世界上有另一群人，是用這種步調在前進的，因為他們可能在世界的另一個角落，正在顛覆你現在的產業。

3-6 當個使命必達的人

我曾在大公司裡負責一個重要專案，明白老闆很重視，除了常催促我趕快完成，還常半夜傳訊息討論專案進度，緊迫盯人讓我壓力很大。老闆要我給出明確的完成時間，我隨口給了一週後的日期。也許是出於信任，這一週時間，他完全沒來打擾我。

不過我卻急了，因爲打從開口的那刻，我就知道根本完成不了。這個專案不完全掌握在我手中，有些事項要等別人完成，光是那部分就至少需要兩個禮拜的時間。

我做出了無法做到的承諾。

一個禮拜後，老闆要我更新進度，我誠實告訴他，我低估了這個專案的複雜度。他沒有責備我，但是對我說，如果下次遇到類似的情形，他希望我更早回報狀況，不要拖到最後一刻才讓他知道。

存好自己的信用存摺

我的職場導師告訴我，在職場中，信任需要很花費很多時間建立，但卻可以流失得很快。必須一次次地達成承諾，才能建立起彼此的信任，但只要一次跳票沒做到，在對方心裡，你就可能變成不可靠的人。

有次，我們在和一位業務主管談「信任」，他抗議公司訂的目標太高，他就是做不到。難道就因爲無法完成不合理的目標，他就要變成不被信任的主管嗎？其實，當公司設定超出你能力的目標，建議你一開始就告知主管目標的困難、協商是否能妥協，以重新訂定目標。就算主管堅持原訂計畫，一開始就提出異議，也比最後才發現沒有達標要好太多。

累積「信用存摺」，不只是被動達到主管的期望，你也要不斷主動讓主管知道你對自己的期望。最佳狀況是不等老闆要求就自動回報目標，也許是業績數據，也許是在哪一天以前交付哪一項工作。

仔細觀察會發現，多數主管並不是花同等時間管理團隊的每個人，對於那些把信用存摺存很滿的部屬，主管幾乎不用花時間管理他們。沒有人想被主管緊迫盯人，如果你不想，就存好自己的信用存摺吧！尤其，當你新加入一間公司，信用存摺是從零開始累加，把握前段的黃金期、好好累積，未來的日子會好過很多。

學會領導前，先學好當他人的左右手

談論管理的時候，很多人會將職務分成「領導職」和「幕僚職」，前者帶領團隊打仗，後者提供領導者協助，彷彿兩者是分開的兩個角色。在我的觀察中，要當好稱職的領導者，必須先學會當他人的左右手，也就是成爲能幹的幕僚。很少人能夠在成爲好幕僚以前，就先學會當領導者。

想想，在團隊中你是主管能幹的左右手嗎？「左右手」不是正式職稱，當然也不是靠主管任命，但善於觀察的你一定知道，在團隊裡誰是主管的左右手。這些人是主管遇到問題時，最先想諮詢的對象。主管不在時，這些人就像主管的代理人。

他們的存在，除了爲主管分憂解勞，也是一旦釋出主管缺時，公司最先想到的替代人選。要成爲主管，通常需要時間和機緣；要成爲主管的左右手，通常需要的則是努力和才氣。

剛入職場時，我的直屬主管帶了一大群工程師，有二十多個。我們雖然都是工程師，但大家都知道，其中一位是「大工程師」，他沒比我大多少歲，但簡直就是團隊的「地下主管」。大家都知道，除了爭取調薪以外，所有的事都可以找他。

我請教他是如何成爲「地下主管」的，他說他會記下主管說的每件事，並確保這些事一定會在團隊裡發生。久而久之，主管自然什麼事都找他，甚至很多事情都是透過他轉達給團隊。如果我們把團隊比喻爲一家公司，主管就像公司的執行長，這位大工程師就像營運長，總能讓執行長放心把事情交給他執行，自己繼續安心「做夢」。

這位大工程師就是我說的好幕僚，幫領導者扛起了重擔。後來，一家新創公司在尋找執行長，透過介紹，他取得了這份工作，成爲眞正的領導者。在我們團隊的那些年，他不只磨鍊了很好的技術能力，也在協助主管的過程中，有了極佳的團隊管理能力。

最高招的是懂得透過察顏觀色，完成老闆的目標

無論你現在是不是主管的左右手，都該懂得察言觀色，所謂識時務者爲俊傑，這句話在職場中非常適用。不用當阿諛奉承的人，但如果仔細體會，你一定知道主管現在希望團隊完成的方向是什麼。

可惜的是，多數人沒有學會調整自己的方向，來切合主管的需要。所以主管拚命想完成的事，甚至排不進他們的工作排程。

老闆常常朝令夕改，今天想做這個、明天想做那個，但朝令夕改的老闆，最怕遇到不動如山的員工。其實員工並不是不想動，而是覺得自己已經被原本的工作填滿，沒有餘力做其他主管期待的事。

我要說的是，如果你想在職場中成功，多數情況，應該只拿三〇％的時間做例行性工作，**七〇％的時間專心做主管心頭上覺得著急的事**，你的職涯會順利很多。

你可能會想，可是只用這麼少時間，我沒辦法完成所有例行工作啊！職場上的多數工作不需要做到一百分。如果你知道主管現在熱中於某個方向，應該盡可能當個「會動的人」，去達成他想要的目標。**例行工作通常可以降低標準，及格就好**。

可惜，多數人不是這樣想，所以他們永遠不懂爲什麼時間已經被塞滿，主管還要再塞給他新的工作，他們想的永遠是團隊需要增加更多人力。也就是，他們想的永遠和主管不一樣。

Q 當老闆對專案時程給了不合理的期望該怎麼辦？

A 不斷溝通。所有老闆都怕到了期限你才突然說還沒完成，而非在過程中不斷溝通。在整個專案進度中不斷和老闆協調、回報，一方面盡最大的努力完成工作，一方面也盡最大的努力，確保老闆隨時知道現況。

．．．．．

Q 遇到朝令夕改的老闆該怎麼辦？

A 老闆肩負公司更大的責任，覺得該轉彎的時候，自然會不顧一切的轉彎，要明白，這是天下老闆的常態。不要本位主義地想阻擋老闆，而是當個協助老闆轉彎的舵手，如果你是公司內可以幫忙老闆快速轉彎的推手，你就是他最堅定的盟友。

．．．．．

第四章

看懂職場生存邏輯

4-1／你想的總和老闆不一樣

過去十多年，我在老闆和員工的角色切換，發現這兩個角色的本質大不相同，多數工作者在職場上不順利，認爲自己懷才不遇，甚至整天怨東怨西的根本原因，就在於他們從沒眞的了解老闆在意什麼。這裡指的老闆，可能是主管、執行長或企業負責人，總之，就是有權力分配資源、決定你職涯發展是否順遂的關鍵人物。

要想在職場出人頭地，你可以不和老闆當朋友、不奉承他們，甚至可以繼續在職場上當酷酷的自己，但你必須懂得職場學的第一課：想辦法弄清楚全天下的老闆究竟在想些什麼。

當你懂得老闆在想什麼，便能夠豁然開朗，人生不會努力錯目標。這本書希望能幫助你少走一點冤枉路，並進一步讓你在職場上找到眞正的自己。努力工作，也享受工作。

員工總想著把事情做好，老闆想的卻是最大化效益

當員工時，我自認相當認眞負責，把工作看得很重。在我還是菜鳥工程師時，有天晚上在公司待到很晚，正在重構我寫的程式，也就是把程式修得更漂亮，但在功能上沒有什麼改變。（說白話點就是改寫程式，讓工程師自己心裡比較舒服。）

當時，我的老闆天天都會待很晚，難得看到我晚上十一點還在公司，他主動過來關心，想知道我最近在忙些什麼。我興奮地和他解釋我在做的事，他卻皺起眉頭打斷我，問了我一句：「這東西可以讓公司賺錢嗎？」我回答不出來，心裡嘀咕著，你身爲技術主管，怎麼會不懂這件事的價值？

老闆臨走前撂下一句狠話：「你下班要做什麼我不反對，但別用上班時間做這些事。」對當時不過二十出頭的我來說，這句話像把利刃。你有這麼直白的老闆嗎？如果有，恭喜你像我一樣早早認清現實；沒有的話，希望你聽得下我的勸告。全天下老闆心裡都是這樣想的，他們也許在乎你的職場學習，但他們更在乎你做的每一件事，究竟能爲公司帶來什麼效益。有苦勞沒功勞的員工，或許會得到一杯珍珠奶茶，卻無法獲得晉升加薪的機會。

我和家人（哥哥、大嫂、太太）開始創業以後，發現我們四個人都變成「效益計算機」，雖然我們本來都不是這種類型的人。但經營公司、負擔公司的成敗，是非常大的壓力，久了自然就變成如此。每項日常事件，員工看到的是表相，老闆卻在計算「資產有多少投入」，以及「效益有多少產出」。如果你以爲老闆只是想要你「很認眞」，那就大錯特錯了，全天下老闆要的都是「效益」。

員工想著薪水、福利，老闆看的是成本、獲利

當員工時，我總是期待薪水入帳的那天登入網銀，享受數字增加的快感。除了薪資以外，我在意的事情還有很多：我喜歡計算今年我還有幾天年假，也在意今年的公司旅遊要去哪裡，還曾爲員工休息室新裝設的手足球機台高興了好幾天。

當老闆後，我常在面試中發現，大家花過多時間了解三節獎金和員工福利制度，卻花太少時間了解工作內容和公司前景。這時，我總會會心一笑，想著他們和從前的我眞是一模一樣。雖然過去我也是這樣，但由於身分已經切換成老闆，因此，我還是會忍不住爲這樣的求職者扣個五分（滿分一百），因爲老闆的角色就是「效益計算機」，我想確定錄取的人，能創造出比我提供的薪資更高的產值。

老闆（主管）有兩種：第一種是企業主，第二種是專業經理人。

企業主背負公司獲利的責任，擔在肩上可是千斤重，雖然老闆看似

威風，但背後多半承受了很多股東壓力。許多老闆可是將自己的全數身家，都賭在公司的前景上，這樣的老闆往往都是不能跳船的船長。

專業經理人身分的老闆，處境也很艱難。他們被賦予顧好團隊績效的責任，如果團隊績效欠佳，他們負起最大責任的方式，往往是自己被炒魷魚。有些專業經理人是執行長，他們同樣背負著龐大的股東壓力；有些則是中間層的夾心餅乾，向下需管理部屬，向上又要對自己的主管交待，責任也非常大。

因此，我通常會建議新人面試者上緊發條，即使你像當年的我一樣，想著免費咖啡和手足球，也請在面試時，表現出你是來幫老闆挑擔子的態度。

員工想著趕快下班，老闆颱風天也想上班

在還沒有居家上班的時代，颱風假可是每年夏天眾人期待的盛事。每到颱風季，員工和老闆都待在家中，同樣看著電視，但想法卻在對

戰：員工希望颱風快快來臨，老闆希望颱風趕快閃避。

沒有不喜歡放假的員工，如果放了假，最後颱風沒來，那更好，可以外出旅遊加購物。老闆卻和員工想的不同，天下沒有想放颱風假的老闆，公司白白賠上一天的工資不說，延後的這一天，可能會讓很多事的調度變得更加困難。

如果你能理解老闆的想法，就先別急著在颱風假時，在社群網站PO出興奮之情，那可能會讓老闆看了很不是滋味，因爲他們心中正在淌血。

如果你試著背負公司一整個季度的獲利壓力，就會明白爲什麼老闆和員工的想法差異如此大。你也會理解，爲什麼商場名人傳記，總愛說大老闆熱愛上班。因爲背上那個重擔以後，你自會早起，把握分秒投入工作，分不清楚工作和生活的界線，這幾乎是每個老闆的自動化反應。

員工上班像在打棒球，老闆卻期望你像打籃球

在我還是菜鳥員工時，誤將上班當成學校的延伸，把老闆當老師，老闆（老師）交給我的事（作業），我一項項默默做完，也從沒錯過截止期限，我以為這就算是好員工。

有天開完會，我那熱愛運動、永遠帶著棒球帽的老闆走過來問我：「你覺得自己在公司，是在打棒球還是打籃球？」

「蛤？」我一頭霧水。

他耐心和我解釋，棒球是一項「等你上場」的運動，你坐在那，輪到你上場時上去打擊，其他時間在一旁觀戰就好。

「但是，公司不是請你來打棒球，是要你來打籃球！」籃球講求的是每分每秒的主動，去搶球，不要只站在那等球飛過來。

我忽然懂了。

原來「等著工作分派給我」的心態，就是老闆說的打棒球，但老闆

期待的，是我去和其他人廝殺，主動爲自己爭取工作。我也開始明白，爲什麼他底下的團隊，總是像搶球一樣地搶工作，因爲在他的哲學裡，每個人的工作都是自己「爭取」來的。

當老闆後我才知道，老闆不只是「效益計算機」，每個老闆也都希望大家帶著「打籃球」的心態工作，表現出你超乎常人的積極。如果只是坐著等待任務分配就輸了，因爲其他人會主動追著球跑，那才是老闆眼中的人才。

員工和老闆想的這麼不一樣，所以我們總是心存誤會，彼此都很想了解對方，但因爲雙方的考量差異太大，因此誤解很深，總是走不進彼此的心。老闆未必能夠懂你，但讀了這本書，你有機會懂他。

• • • • •

Q 聽起來老闆很現實，全天下的老闆都這麼現實嗎？

A 雖然多數老闆也有感性的一面，但在商場上，如果不是一切以效益為中心，公司其實很難存活。因此，你會發現很多老闆在商場上和生活中，像是兩個完全不同的人，這就是所謂的「在商言商」。

Q 老闆怎麼看待有苦勞卻沒功勞的員工？

A 如果一位員工總是很辛苦，卻無法有實質產出，這或許說明了他不適任這份工作。聰明的老闆可能會調整他的職務，或甚至請他離開。因為在其他公司找到適合他的職務，才可能讓他發光發熱。

4-2

平衡不了的！別再想著生活和工作的平衡

當員工時，我在桌上放了一個大時鐘，提醒自己每天趕快做完事，準時下班回家。我的生活過得不錯，還迷上了Netflix，實在沒有太多待在公司加班的理由。但有時很奇妙的就是，越想平衡，越平衡不了。上班想著下班的事，下班想著上班的事，兩者還是沒辦法很好切割。

當時公司有位大老闆是專業經理人，比我大十歲左右，最爲人知的就是「早到晚走」。他總是早上七點就到公司，晚上十點才離開，過著我心中覺得不是人的生活。但他總是神采奕奕，晚上十點還是嘴角帶笑，看不出一絲疲憊，那樂於工作的態度是無法假裝的。

有天我一大早睡不著，早上七點就到公司，辦公室只有他一個人在。我鼓起勇氣問他爲什麼總是這麼早到。原本只是禮貌性的對話，也許是太久沒人敢找他聊天，他竟然熱情抓著我講了半個小時，爲我上了一堂無價的職場入門課。

想比別人傑出，就該付出更多

這位大老闆告訴我，聰明與否或許靠的是資質，努力卻是自己能決定的。他從不覺得自己比別人聰明，但相較於其他人，他能一次次勝出的關鍵，就是因爲他比別人努力。在他的經驗中，努力可以解決職場上多數的問題，而「工時」就是他努力的關鍵。

他感謝這個社會定下了每天「只要」工作八小時的規定，讓多數競爭者過了上班八小時，頭腦就會自動關機。但是，他和其他人不同，他的頭腦每天工作十多個小時。他相信，兩倍的時間可以創造出兩倍的績效。他告訴我，我最大的本錢就是「年輕」和「時間」。如果其他人一天只願意投入八個小時在工作上，而我願意投入兩倍的時間，沒有理由將來贏不了他。

聽到這你可能會想，又是一位慣老闆的想法，怎麼這個時代還有這麼老舊的價值觀，眞是快看不下去！但是，這確實在現實世界無法否認，誰付出的時間多，誰的績效就可能最好，小時候讀書不也是如此嗎？那個考第一名說自己沒讀書的，在家裡讀得可要比別人多太多了。

不一定要加班，但該為自己的職涯付出

當老闆後，我從來沒有主動鼓勵員工加班，也尊重大家自己的價值觀。但如果員工願意主動花更多的時間讓自己更傑出，我也從不反對。因爲當時，這位老闆就是這樣教會我在職場贏得領先。我也會這樣告訴我的小孩：「要贏，你就得比別人花更多時間。」

花時間不一定得加班，你也可以在職「自我學習」，一切看所處的環境而定。如果瘋狂加班可以換到績效的瘋狂成長，我覺得相當值得，

就加下去吧！如果沒有，那你應該思考更完整的職涯規畫，做哪些事有助於獲得成長或升遷？也許該加強語言能力、業務能力、程式能力、Excel 表的使用能力等，未必是現階段工作所需，而是其他對你更有幫助的重要能力。

有太多技能沒辦法藉由工作學會，應該自己利用時間想辦法補足。我尤其喜歡跟三十歲前後的人說這些話，提醒他們別像當時的我一樣，急著下班回家看 Netflix。世界上最可怕的，是當你在追劇、享受生活時，正被競爭對手潛聲超越。我不是在嚇唬你，但眞實世界就是這麼殘酷。我們都在職場中賽跑，你不追過別人，就會被別人追過。

我受到那位早出晚歸的大老闆影響很深。聽完他的一席話後，我退訂了 Netflix，每天自發地爲職涯多付出兩個小時：其中一小時，我投入工作，讓自己有更好的績效和技術能力；另一小時，我選擇投資自己，透過閱讀和線上演講，開始培養商業能力。

雖然每天只多花兩小時，成效卻很快就顯現出來。

每天多工作的那一小時，很快讓團隊和主管看到我的好績效。商業思維的部分，雖然當下派不上用場，卻在我開始創業後，發揮了極大的價值。我發現，原有的工程背景，再加上商業思維，這樣的組合是很強大的。

感謝那段時間每天多付出兩小時認眞的自己。

生活和工作本來就無法平衡，但可以融合

工作的這些年來，我發現如果想要「傑出」，同時又想追求「生活和工作的平衡」，會讓自己很困惑。因爲這兩者本來就是零和遊戲，多花時間在這邊，必定會少花時間在另外一邊。

後來，我理解自己該追求的是兩者的「融合」。所謂「融合」，就是將兩者黏在一起，不進行過多區分，同時在兩者間得到快樂。

我非常重視工作選擇，只做自己熱愛的工作，選了之後，便會把工作當成生活中的一種享受。對於家庭生活，雖然時間被壓縮，不過我會

努力讓那些或許不長的相處時間，都有相當的品質。

我和太太一起創業，她常說我們工作已經很忙，實在不該將工作以外的時間還用來吵架、冷戰、罵小孩，而是應該用這些時間，和家人創造美好回憶。所以我們的家庭生活安排得非常精彩，確實充滿許多美好回憶。與此同時，我們也努力顧好工作。我們是工作狂，也是生活狂，兩者都帶給我們非常多快樂和成就感。

你可能會想，嗶嗶嗶，怎麼慣老闆的想法再度上身，快看不下去了！但這幾年，我有幸和許多在職場上取得高成就的人談話，有人自己創業，有人則是專業經理人，大家背景不同，但相同的是「熱愛自己的工作」，願意付出生命的一大部分在工作上。他們告訴我，如果沒花這麼多時間，絕不可能達到現在的成就。

我非常幸運，一路以來的創業過程有著全家人的支持，我的父母和岳父母，都投入了大量時間幫我們照顧孩子。我看到他們細心地陪伴小孩，都覺得很感動，因爲回到家，我和太太常常都是累癱在沙發上。他們付出了愛和時間陪伴孩子，也幫助了我們的事業。他們都是我們的幕後創業團隊，才得以讓我們沒有後顧之憂，在事業上往前衝。

前陣子，我和太太一起和朋友聚餐，飯局中朋友聊到，有天他忽然發現自己忘了孩子讀幾年級，但又不敢去問太太怕被罵。我突然很慶幸，我們忙歸忙，卻沒有錯過孩子的成長，可以一定程度的融合工作和生活，讓兩者都精彩。

・・・・・

Q 想要保有完整的個人生活，還能在職場上取得成功嗎？

A 不能說不行。但你必須在有限的上班時間內，比別人更努力，用你的八小時，產出相當於別人十二小時的生產力。但是，這在真實世界中十分困難，我們往往很難在比其他人付出更少的條件下，創造出比他們更多的成就。

Q 雖然知道要認真，但還是很難克服自己的惰性？

A 可以透過階段性的獎勵，給自己設定一些短期目標，在達成時給自己一些犒賞。努力不代表要過得很痛苦，多數高成就的人其實都努力得非常快樂。如果你選擇的工作讓你努力起來很不開心，也許那不是最適合你的工作。

4-3 公司需要的是A級人才，你是嗎？

剛當菜鳥員工時，我以爲自己做好分內的事，當「乖寶寶」就是A級人才。帶著這個來自學校的心態，讓我剛入職場時吃了很多虧。後來在職場中，我從「打棒球」心態，轉換成「打籃球」心態，才發現自己的機會開始變多，因爲我開始學會主動出擊。

你可以努力的，是時時準備好調整自己成爲公司的需要，在公司出現每個機會點時，讓老闆想到的是你，覺得把你放在這個位置上，他完全不用擔心。如此，就代表你是老闆眼中的A級人才。

你是人才還是人力？

一個組織中，從老闆（主管）的視角，大概可以將員工分爲兩類：一種是「人才」，一種是「人力」。這兩者和職務高低沒有絕對關係，而是每個職場工作者表現出的工作態度和企圖心。世界上每個老闆，對於這兩者的區分，絕對清清楚楚，而且老闆絕對偷偷在心裡給你 hashtag 一個標，只是沒告訴你。

「人才」是讓老闆放心的人。總是把分內事情做完，還能夠把別人掉的球撿起來一併完成。「人才」想著公司利益，在公司利益之前，可以犧牲個人利益。「人才」永遠在爲公司的下一步找出口。老闆和這種人工作起來很舒服，一點都不心累。

「人力」是讓老闆放不下心的人。和「人才」恰恰相反，他們只想做完分內的事，對於超過工作守則以外的事漠不關心。「人力」總把工作和薪資福利想成單純的勞務報酬，領多少錢，就只想做多少事。「人力」總是在座位上痴痴等待工作分配，老闆和這種人工作起來往往很不舒服，因爲只要沒有分配好工作，這個人的產能就閒置了。

以前我們公司有個客服人員，在他加入時，公司已頗具規模。他就像「掃地機器人」，只要走得到的地方，所有灰塵（大小事）就會被吸乾淨。他的防守範圍很大，每天很快完成自己的分內工作後，就會開始支援其他人。最後，支援別人反而成爲他的主業。

公司其他客服很在意準時下班，但他完全不在意。他在意的是是否有將自己和部門的事全數完成。有人笑他傻，但在同事互相評比的績效考核中，大家都給予他很高的評價。不只主管知道他是個「人才」，所有同事也對他高度肯定。不過幾個月，他就成爲了團隊主管，每個人都心服口服，因爲大家都知道他是最合適的人選。

你是公司的「人才」還是「人力」？如果你對職涯沒有野心，單純當個「人力」其實沒有錯，而且日子可能還滿好過的。不過，這本書都看到這裡了，我想你對於成爲公司的「人才」，還是有些期待的，是嗎？

為什麼調薪升官總不是我？

剛入職場不久後，我有過一個很悲慘的遭遇。

當時在我待的網路公司，有個新的子網站要上線，需要有即戰力擔任重要職務。我和另一位同期加入的同事，都對這個職務有高度興趣，因爲它不只很酷，新網站上線對工程師的履歷是很大的加分項。我很希望可以爭取到這個機會，但最後被選中的是對方，我還得幫他拍手，強裝笑容。你有過這樣的經驗嗎？

當時，我把這件事想得很複雜，覺得老闆（主管）應該是經過什麼深思熟慮或精細的評估，才做出這樣的決定。但自己當了老闆後，重新回想這件事，我發現老闆想的其實很單純，老闆選了他，單純就是他讓老闆「比較放心」。

在老闆的視角，能信任誰坐這個位置可以把事情做好、減少老闆的煩惱，他就會交棒給誰。一般老闆的工作繁忙，有非常多事情要處理，如果有人才能分憂解勞，多數老闆都會相當樂意讓別人分擔他的辛勞。

而信任，就是這一切的基礎。

每個部屬在老闆心中，都有一本「信任存摺」。把事情做好，老闆看在眼裡，你的「信任存款」就增加；闖了大禍，老闆要爲你收拾善後，你的「信任存款」就減少。

你必須在每天的工作中，不斷增加自己「信任存摺」裡的存款。在會議上勇於表達，讓老闆知道你是有想法的人。承諾的完成時間不拖延，讓老闆知道你是有時間紀律的人。定期回報進度，讓老闆不用整天追著你跑。有太多事可以增加你的信任存摺，但多數人就和當時年輕的我一樣，平時什麼都不做，等到好機會沒降臨在自己身上才開始哀怨。

如果可以坐時光機回到剛入職場的那個時間點，我不該等到有新職務才開始爭取，而是平常就該不斷建立與老闆間的信任關係。

全天下的老闆想的其實都很簡單。當公司出現新的機會，老闆就會開始在心中查閱每個人的「信任存摺」，把任務交給他最信任的人。你可能會大呼不公平，那「馬屁精」的信任存款不就很高?的確，這也是馬屁精的本事，但也不是每個老闆都那麼容易被糊弄。

公司每個階段需要不同人才，調整自己符合公司當下的需求

公司是動態的組織，它就像一隻活生生的怪物，會隨著外部競爭和內部改變不斷進化。同樣一家公司，現在、半年前和一年前，應該在各方面都有很大的不同。

在動態組織中的存活方法，就是自己也隨之動態調整。多數人明明知道公司是動態的，卻每天做同樣的事，把自己活得「靜止」。每天用同樣的想法、做同樣的事，結局就是繼續領同樣的薪水。因爲大家都變了，只有你一直沒變。

以我自己創業當老闆來說，公司從一個人、十個人、一百個人，每個階段的狀況都完全不同，所需人才的能力、思維和工作方式也完全不同。但我這幾年的確發現，多數人長期維持同樣的心態工作，無法跟隨

公司的成長動態調整。那眞的相當可惜。因爲當你的能力不符合公司需要的職能，公司可能就會被迫汰換你！

在我初期創業，公司規模小，當時有個同事，只有他一個人擔任客服。他凡事親力親爲，非常能幹。隨著公司規模擴大，我們晉升他爲主管，負責帶領一個小部門，他還是親力親爲，自己忙得半死，部屬卻都閒散地早早下班。接著公司飛快成長，部門規模變得很大，他卻依然繼續用一人工作者的思維工作，沒意識到公司對他的需要和期待早已不同。

觀察到這樣的現象，我們和他談了幾次，但他一直無法改變。最終，我們將他調整爲非管理職。他無奈地說：「我做錯了什麼嗎？」其實他唯一錯的是沒有改變，但公司已經變了。

看看自己待的公司，你是否有意識到它不斷在改變？

你是否發現在不斷改變的過程中，老闆的想法變了、期待也變了，每個階段想重用的人也不同了。

而你，準備好當A級人才了嗎？

Q 如何知道我是否是老闆眼中的人才？

A 從老闆看你的眼神就知道了。如果你是老闆眼中的人才，你會發現老闆常聆聽你的想法、給你重要的工作，和給你更大的空間。多數老闆會用不同的方式對待團隊裡的每個人，你可以輕易看出其中哪幾個人是老闆眼中的人才。

Q 換了幾份工作，總是懷才不遇，要如何遇到賞識我的老闆？

A 多數人才即使換到新工作，也可以很快得到新老闆的信任。因此，如果你總是懷才不遇，請試著調整自己，而不是改變別人。主動對老闆釋出善意，請教他如何讓自己變得更好，是相當不錯的第一步。

4-4／學歷只是職場的第一張門票

從小我就是學校的乖乖牌，剛好擅長唸書考試，因此有機會到史丹佛大學唸書。畢業前最後一堂課，老師恭喜我們得到一張珍貴的畢業證書，除了開玩笑要我們裱框起來，也提醒我們在旁貼個「保存期限」的小標籤，告訴我們這張畢業證書的保存期限是三年。

學歷是有點敏感的職場話題，有些公司很重視學歷，雖然老闆多半不會明說，避免顯得現實，但從用人結果可以看出，員工多半來自於有名學校。有些公司更直白，升遷規定直接白紙黑字寫出對學歷的要求。

為什麼這麼多老闆重視學歷？

當老闆的這幾年，我有大量面試人的經驗。我自己有個「百人法則」，也就是說，如果我要找員工，我會在所有收到的履歷中挑出一百份認眞讀過，從中選出十人面試，再從面試的人中最終錄取一位。

履歷表很少有人從頭看到尾字字讀過，多半是用大概一分鐘的時間，從關鍵字拼出對這位人選的理解。快速抓出履歷表上的關鍵字，是所有老闆和人資的共同能力。

如果需要的是資深人員，那他前一份工作的公司、職務，自然就是最直接的關鍵字。如果找的是資淺人員，在缺乏工作經驗可參考的狀況下，「學歷」自然是唯一可以看到的關鍵字。

如果有兩個人選各方面條件都差不多，學歷較好的自然會勝出。這不是老闆偏心，也不是老闆眞的堅信學歷的價值。而是任何老闆都只能從有限的資訊中，做出對公司最合理的判斷。相信我，如果你是老闆，你也會這麼做。

如果你有好學歷，請善用它的優勢

如果你像我一樣，過去是愛讀書的「乖寶寶」，請好好把握你的學歷，但是也請記得，它的保鮮期只有畢業後三年。畢業證書有許多功用，它除了能用來美化履歷表，找到好工作以外，可以善用它做更多事，像是快速建立業界人脈，這是很多人都不知道的職場祕密。

以我自己爲例，初入社會的那幾年，好學歷確實幫我建立起最初的職場人脈。當時，我大量寄信給一些我不認識，但認爲值得請益的前輩。我會透過一些方式找到他們的email，或直接寄信到他們任職的公司，請他們幫我轉寄給我想請益的對象。

信件開頭，我會直接介紹自己是史丹佛畢業生，希望有機會向他當面請教，並詢問是否可以撥出二十分鐘和我見面。對他們來說，時間當然寶貴，但看在我過去學歷良好的分上，可能也是認眞有爲的青年，所以雖然是陌生邀約，但成功率其實不低。

十幾年前回到台灣開始創業，我對台灣的新創圈一無所知，也沒有人脈。我也是用同樣的方法，快速建立起早期的人脈。一開始，我先認識了幾位同校的前輩校友，隨後他們爲我介紹更多的人，快速擴大了我的人脈圈。

你可能會懷疑，作爲一個基層員工或初創業者，去認識這些前輩眞有幫助嗎？還眞的大有幫助，這些人甚至很多都成爲我後來職場或創業的導師。更重要的是，我可以從他們的視野，學到很多書上學不到的祕訣，對我在職場或創業都大有幫助。

但請記住，做這件事的保鮮期很短，如果已經工作多年，眞的沒人會在意你的學歷。一個工作多年，卻還不斷拿學歷出來說嘴的人，別人只會好奇，懷疑他是不是找不到其他值得一提的工作經歷。

沒有好學歷，就用好的工作態度補足

寫這篇文章的前一天，我剛好在LINE上和一個剛退伍的年輕人聊天，他告訴我他剛找到工作，希望我給些建議。這不是他第一次跟我聯絡，幾年前他還在專科唸書時，他就常主動傳訊息給我，希望我能給他一些意見。

第一次收到他的訊息，爲了方便日後在LINE通訊錄查找，我將他的暱稱前冠上了「有爲青年」。這不是我第一次這樣做，我的通訊錄裡也已經有好幾位「有爲青年」，他們都是主動循著類似的方式找上我。

雖然我不是他們正式的職場導師，卻很樂意給予意見，因爲他們各個是我認爲相當有潛力的年輕人。我會盡可能回覆他們提出的問題，以及介紹他們可能需要的人脈。

如果你來看我和這些年輕人的對話，或許會驚訝，這個時代竟有這麼多認眞積極的人，除了不時和我分享職場上的每個變化，也努力從我身上挖出更多「眞實意見」。他們會努力獲得大家的回饋，以期讓自己成爲更好的人。

可別以爲我的「有爲青年」清單大多學歷亮眼。以昨天剛聊天的年輕人來說，專科畢業的他學歷並不特別，在學時他就已經邊工作邊讀書。我曾問做事認眞的他，爲何小時候沒有好好讀書？他的回答是自己天生不愛唸書，但是很喜歡把事情做好的感覺。

學歷不好雖然無法改變，但有這樣的工作態度，我覺得一切都不是問題。最怕的就是學歷不好、工作能力欠佳，又缺乏熱情，那要在職場上順利，還眞是一點機會也沒有。

・・・・・

Q 學歷和眞實能力有多大程度的相關？

A 部分相關，但不是完全正相關。相關並非指高學歷的人，在學校學會了特別厲害的能力，主要是好習慣的延續。很多過去在學校認眞讀書的人，到了職場也會繼續奉行「把事情做好」的好習慣。

Q 工作了幾年後，學歷真的就不這麼重要嗎？

A 除了少數高度專業的職業，對多數職務來說，確實不那麼重要。大家看履歷表的關鍵字，也會從學歷，變成過去幾份職務的公司和職務內容，尤其越近期的工作，重要程度越高。

4-5／少了名片的那天，你是誰？

畢業後，我進入了有名的大公司，員工數有五萬多人，在全球各地都有分部。由於很多中小企業靠我們公司吃飯，所以雖然我只是小工程師，但出去開會，常可以和對方的執行長或技術長平起平坐。每次交換名片，自己都覺得威風。

下班的場合也是。剛畢業不久的同學，見面總喜歡交換名片，我也習於聽到大家拿到名片時對於我的讚嘆。大家會說我能進入這樣一家公司，可眞是不簡單。我也樂於把自己和公司的標籤畫上等號，誤以爲那些光環屬於我。但其實，這都不是眞的。直到我第一次創業，才痛苦地理解到事實的眞相。原來，那些光環都會在我選擇離職的那天一起離開。

看到垃圾桶中成堆自己的名片，你會懷疑人生嗎？

第一次創業時，我和一起創業的家人各自離開原本職場的舒適圈。那刻起，我失去了亮眼的光環，成爲一家沒人聽過的小公司創辦人。

我們非常努力想建立公司的知名度，任何可以曝光的場合都不放棄。有次公司去參加展覽，租了個小攤位。我站在攤位前，拚了命介紹自己的公司，盡可能和路過的每個人交換名片。講了一整天的話，還眞的筋疲力盡，抓住幾分鐘時間，我趕緊去角落吃個便當，這還是當天的第一餐。

吃完走去丟便當盒的時候，我望向垃圾桶，發現裡面有好幾張自己的名片，以及我們公司印製的精美簡介。老實說，當時情緒眞的有點崩潰。原來努力了半天，我什麼都不是。這些人打從心底沒想和我保持聯絡，他們沒把名片帶回家，甚至不想和我有任何關係。這讓當時沒有大公司光環的我，一度連自己究竟是誰都不知道了。

也許，你也畢業於一所不錯的學校、加入了一間名聲響亮的公司，或者有富爸爸（富媽媽），但是你有沒有想過，一旦沒有了這些光環加持，你是否依然能自信做自己？如果不是的話，你得趕快加緊準備。

當光環褪去，只有能力帶得走

我想喚起你一點點的危機意識，從現在起，好好鍛鍊自己的「能力」。光環會散去，但能力是帶得走的。

每天上班時，心裡不要只想著公司和這份工作。你要想像就快和它分手了，分手後有什麼「能力」是可以跟著你走的？然後「吃裡扒外」，讓這些能力有天能隨著你的離開，被你一起帶走。

在我剛當菜鳥工程師時，公司使用的程式語言，不是當時最多人使用的流行語言，而是公司內部自行研發的。因爲公司規模大，在這個專精的領域，研發出一套自己的程式語言，可以更有彈性地解決問題。

不久後，我成爲這個內部語言的專家。有天，我和早我兩年進公司的學姊討論問題，閒聊時她問我：「你有沒有想過，如果每天都只研究這些東西，幾年後你可能會找不到新工作？」聽她這麼說，我才驚覺到事情的嚴重性。我竟然花了那麼多時間，在鑽研一個世界上其他地方都不需要的技能。

如果我明天馬上離職，或被離職，我能帶走的能力其實相當有限。因此我開始警覺，立即撥出下班時間，去學習業界眞正常用的程式語言。年輕人學什麼都快，不久後，我變成新程式語言的專家，而這個技能也確實讓我找到一份眞正夢寐以求的工作。

隨時準備好，這一天隨時會來

十幾年前，我偶然做出了一個爆紅的網路服務（地圖日記），我有生意頭腦的哥哥看到後，便說服我一起創業。這個機會來得很突然，我也就這樣，毫無準備地忽然變成創業者。頭洗下去，才知道創業的痛苦。人生總是充滿這樣的偶然，你永遠不會知道這一天何時會來。

或許，有天你會像我一樣，忽然沒有了公司或學校的光環，發現剩下的只有自己。戰功、成績、紀錄都已消失，曾以爲屬於自己的一切，終究都不屬於你。

你會發現，剩下的只有過去累積的工作能力，再來，就是**看你可以多快用這些技能創造出新舞台**。它們可能有助於你創業、找到新工作，或是任何可以依附的下一個光環。

但在這之前，你必須要能肯定自己，並用肯定的態度，看待沒有名片的自己。如果這時候的你，連自己都不相信自己，全世界也不會有人能相信你。

• • • • •

Q 如果一輩子待在大公司，是不是就不用擔心這些事了？

A 也許，但以現在的環境，即使是大公司，也很難長期提供穩定的工作。因此，你必須時時做好「離職」或「被離職」的準備。假使明天失去這份工作，你是否依然能過得很好？

Q 什麼樣的能力是永遠帶得走的？

A 好的工作技能和工作態度，可以隨時跟著你到新公司。多關注產業知識，並時刻學習產業上的熱門新知，在失去名片的那一天，你會對自己更有信心。

第五章

修練面對困境與危機的心態

5-1／把握可以犯錯的蜜月期

創業當老闆的這幾年，我看過很多職場新鮮人，發現幾乎對所有人來說，學校到職場的轉換，都還是一個頗大的震撼教育。多數的職場新鮮人，剛開始上班都很難放得開。不管履歷表上寫得多麼積極進取，進了辦公室，常常看起來就不是那麼「強」。

我問了很多職場新人，是什麼原因讓他們沒辦法一進入職場就有正常的表現。他們告訴我，周圍的人不是同學，都大自己很多歲。再加上其他人好像都已經很懂規矩，只有自己新來不懂，深怕一不小心就犯了大錯。又常常聽說，在職場上最好不要強出頭，踩到紅線可就糟了。安全起見，即使在學校時再有想法，多數人在辦公室寧可靜靜當個觀察者，而不是挺身而出的人。

其實這有點可惜，因爲職場新人大概只有前兩年有「耍笨」的權力，這個特權之後就沒有了。如果你能大膽嘗試，其實很有機會在前幾年，就找到職場的第一個彎道超車點。

「少做少錯」是高成就的絕緣體

有位和我談過話的年輕同事，從此有很大的改變。原本他總是躲在角落不說話，我建議他應該大膽放手去做，犯些小錯也沒關係。從此，他有了很大的改變，我發現他積極地想了解關於公司的一切。之後，遇到他的每一次，不是正在問問題，就是準備問問題。

幾個月後，他又變得更不同。因爲差不多都懂了，他不再那麼常問別人，而是開始大膽地放手去做。即使偶爾犯錯，別人還是很讚賞他，因爲大家很少看到像他這麼拚命的社會新鮮人。慢慢地，他開始把越來越多事攬在身上，過了一年左右，大家發現雖然他年紀很輕，但資歷卻一點都不輕，又隔了一年，他成了團隊的主管。

很多人在職場學到「多做多錯、少做少錯」的不良文化，因而讓自己慢慢變成不主動搶事情做的人。一旦這樣做，也許你會工作得很舒服，但同時也不可能在職涯上有高成就，因爲沒有人會放心把重責大任託付給這樣的人。

如果你的目標是有天在職場上達到一定的水平，無論公司是否鼓勵員工犯錯（並學習），都不能讓自己有「少做少錯」的想法。一旦有這個想法，請趕快搖搖頭把它甩開，別讓這樣的想法跟著你，因爲它的殺傷力實在太大。換個角度看，你要相信**多做多對**，當你什麼都不做，也就無法做對任何事。

所有職場高成就者的共通性，就是不斷做事，除了勤快、還是勤快。做事當然會犯錯，不過**高成就者對自己也有一定的容錯度**，明白錯誤是工作的常態，在錯誤中學習，避免同樣錯誤一再發生就好。

把握每次轉職短短的蜜月期

除了職涯的前兩年你可以要笨，大家不太會責怪你之外，每次轉職的前兩、三個月，又會再有一次短短的時間擁有護身符。這段期間，別人雖然對你犯錯的容忍度很高，但同時也在觀察你的實力，看看你到底是什麼樣的人。

如果你剛轉職，我會建議你**用前三個月，把未來幾年要問的笨問題一次問清**。因爲三個月後，大家並不一定可以容忍你對於基礎事項的不了解。如果你前三個月的工作量不會太多，就因此過得鬆散，等到時間一過，會發現護身符沒了，大家不再把你當成新人，工作上的交手也沒在跟你客氣了。

在學校時，我們每一本書都是從頭讀起，沒有人會叫你從中間開始讀。但新加入一家公司，就像是從書本中間開始讀起，前面的章節同事讀過了，你沒讀過，但是大家卻預期你會。這是我初入職場時很不習慣的地方。

但後來，我發現職場也沒那麼難，雖然今天做的事大多基於過去的基礎，但對多數工作來說，三個月應該是可以上手的，你也應該以三個月上手爲目標。記得，老闆都想要即戰力，讓老闆等三個月，已經是在考驗他的耐性了。

當個可以包容錯誤的主管

如果你是主管，或有一天成爲主管，請記得千萬不要讓大家成爲不敢犯錯，或是犯錯了不敢講的團隊。這種團隊表面上看起來天下太平，但生產力低落，或是大家都很忙——忙著掩蓋錯誤。直到錯誤蓋不住的最後一刻，大家才知道要爲這個錯付出多大的代價。

如果你不知道我在說什麼，去觀察那種見到員工犯錯，就無法控制情緒、破口大罵的主管就知道了。在這種主管底下，通常會有一群害怕犯錯的部屬。不犯錯很難，因此，最後大家會進化成學習怎麼隱藏錯誤。這種團隊最後會變得很保守，難有心思去構想新方向，或是比較大膽的提案。

我一直相信，公司文化不是牆上貼的那些標語，而是來自於「主管看不到的時候，大家的表現」。也就是，當主管不在時，大家遇到事情的反應，才是眞正的「公司文化」。如果身爲主管的你，能夠創造一個包容錯誤的團隊文化，當你不在的時候，大家也才能夠持續創新，並在錯誤中學習。

當然，某些產業是不能容錯的，例如醫療、法律、金融，這些產業的一點錯誤，可能就會造成極嚴重的後果，這些產業需要不同的管理方式。但對多數產業來說，錯誤眞的沒有那麼嚴重，**合理的容錯空間，才能創造出創新的環境**。

• • • • •

Q 辦公室有太多前輩，我不太敢強出頭？

Ⓐ 舊人和新人間，往往有種微妙的關係。很多新人不敢有和大家不同的舉動。事實上，只要你對前輩有足夠的尊重，多數時候努力表現不會成為問題。舊人要視新人為「幫手」或是「威脅」，關鍵就在於尊重。足夠的尊重，可以讓你和前輩建立起良好的職場關係。

• • • • •

Ⓠ 當我處在一間「不能犯錯」的公司？

Ⓐ 有些公司就是不能犯錯，可能是產業使然，也可能是企業文化使然。如果你在一家不能犯錯的公司，並選擇待在那裡，那你還是要適應這樣的公司文化。雖然不能犯錯，但前幾個月依然是你學習的大好黃金期，請好好把握。

• • • • •

5-2／當別人說你不夠好

剛進入職場時，因爲我有名校光環，同事在介紹我的時候，常常會說我是名校的畢業生。而我只覺得壓力山大。我非常努力，希望用最快的時間進入狀況。但同時，也對別人給我的評價非常敏感，很怕表現不好砸了學校招牌。

有次午餐時間，無意間聽到別人議論我的對話，雖然沒有聽得很清楚，但大致的意思就是認爲我勝任不了現在的工作，他們賭我待不到一個月就會離職。聽到這句話的當下，我很難過，內心受了重傷，甚至好幾天都不想跟團隊中的任何人講話。

我把憋在心裡的這件事跟一位職場前輩分享，他笑了笑告訴我，如果這樣就受傷，也未免太脆弱。未來我必定會聽到更多更酸、更難受的話，可能是善意的提醒，也可能是惡意的攻擊。我告訴他，我壓力很大，因爲怕砸了學校的招牌，他覺得我這個想法非常荒唐，未免把自己想得太重要了。最後，他叫我放鬆，好好享受每一天的工作。

我知道要訓練自己的心志，不受外力的影響。別人的話無論出自善意或惡意，都未必好聽，我必須學會與這些聲音共存，並把它們都當成一種祝福。之後，我還是會聽到惡言惡語，但此後我的大腦自動安裝了一個翻譯機，把他們講的話全部翻成「嘎啦嘎啦」的無意義聲音。

用健康的心態面對批評，別讓血壓上升

我的工作長期處於高壓狀態，除了工作之外，說眞的我沒有太多興趣。其中一個紓壓方式，就是每週在臉書上寫幾篇有趣的小廢文。常常面對不愉快的事，打開臉書寫篇小文章，心情就好了起來。這些廢文沒

想傳達什麼大意義，也不是特意寫給誰看，單純只是我的小興趣。

我從沒想過寫廢文需要顧慮到什麼社會責任，但有一天，我收到挑戰廢文內容的陌生訊息。他說，我寫這些文章沒什麼意義，作爲公司領導者，我這樣做非常不恰當。當下我非常驚訝，我不是什麼大作家，因此也沒想到只是發發廢文，也可以引來批評。

剛開始我的情緒不免有些起伏、血壓升高，便隨手寫了一篇很長的文章，要回覆這位我不認識的陌生人，但在按下送出前，我想了想，如果我眞的要讓自己「不在意」，又何必解釋這麼多，還可能和他陷入筆戰。於是，最後我只冷回了兩字「謝謝」。太太安慰我不用在意，但其實我心裡還是有一絲絲在意。

之後，這位陌生人沒有因此放棄批評我，每次我發一篇廢文，他就跟著來一篇長文。而我的策略就是以不變應萬變，繼續冷回謝謝。過了三個月後他才終於放棄。

我們必定會面對很多人的批評，或許是主管、同事、客戶、供應商，或像我這樣，來自莫名其妙的陌生人。你可以參考他們的批評，但有時候如果太「認眞」，因此大幅影響心情或工作績效，甚至改變自己的行爲（但不是往更好的方向），可就眞的是得不償失了。

一旦你有自己的方向、知道自己在做什麼，就不會輕易受到這些流言的影響或中傷，也將在一次次的經驗中，積累出更厚實的防火牆。

將酸言酸語轉化成努力的動力

更積極的做法，是將他人的酸言酸語轉化爲努力的動力。我認識一位相當成功的創業家，之後他也順利將公司賣出。但是，他在後續幾年的新投資和新創業項目，卻一直不成功。網路上有酸民諷刺他是「過氣創業家」。可以想見他所承受的輿論壓力，一定比一般人大上許多。

後來，我在媒體上再次得知他的消息，他的新公司順利轉虧爲盈，規模也遠超過先前的公司。除了恭喜他，我也十分好奇，他是如何看待那些酸民的聲音？他笑著告訴我，他感謝那些負面批評，因爲那對他來說反而是很大的動力。

他是個極力想證明自己可以做到的人。他的父母自他畢業後就反對他創業，他說第一次創業的動力，是爲了向父母證明「我可以」，後來繼續創業，出現了這群酸民，也剛好給了他努力的動力。

他跟我說，他就像隻鬥魚，每次只要聽到別人說他辦不到，倔強的脾氣就會大爆發。反而讓他拚了命地加倍付出努力，立志要做出好成績給別人看。所以那些言語不僅傷害不了他，還反倒幫了他一把。

說眞的，無論最後你成功或失敗，都和當初批評你的人無關，你不用給自己太大的壓力。但是，如果那些言語能像那位創業家一樣，不僅傷不了你，反而成爲你的助力，那麼，把那些話拿來當成驅使自己的力量，也算是好好利用了它們的剩餘價值。

把自信建立在自己身上，而不是別人的看法

在職場打滾一段時間後，我開始比較不會那麼在意別人對我的評

價。掌聲打動不了我，罵聲也傷害不了我。並不是我變得冷血，而是我知道他們看到的都只是表面，不是眞正的我，只有我知道自己是誰。

我是創業者，我所創立的 PopChill，正在利用網路科技解決二手精品市場的問題。我知道我的解決方式不可能讓全世界的人都滿意，也知道競爭者和酸民們不喜歡我，可能會毫不留情地批評我，但這都無損於我認識的自己。因爲我的信心是建立於自己，而不是他人的看法。

很多人會將自信心建立於他人對自己的看法，這樣會活得很辛苦，因爲我們永遠控制不了別人要怎麼說自己。也許，我們從頭到尾都沒變，但有人就是會今天說你好、明天說你壞，其實我們沒變，只是他們變了，而我們反倒因此患得患失。

還有另一種人更糟，他們因爲缺乏自信，習慣性藉由貶低別人，來抬高自己的自信心。這是很不健康的做法，反而會讓自己過得很痛苦，因爲每天都在和人比較，深怕別人覺得自己不夠好。表面上看來，他們總是在批評別人，但其實他們批評的是自己。

想起剛入職場被人攻擊時，前輩告訴我，在職場上會不斷遇到許多酸言酸語。十幾年過去，我還眞的收集到不少這類的批評，也經過好一番修練，才變得百毒不侵。我也會告訴每個把我當職場導師的人，不要在乎這些外在的聲音，它們根本就不重要，只有你才知道自己在做什麼。

• • • • •

Q 聽到別人對自己負面評價的時候，如何自我療癒？

A 對於有道理的部分，好好學習改進，其他的就當耳邊風，這也是職場上每個人都該有的修練。我自己面對這些問題的時候，會去睡個覺或吃大餐，隔天又是滿滿的正能量。

• • • • •

Q 如果在辦公室人際關係不好，該換工作嗎？

Ⓐ 很多人有這種問題的時候會發現，即使換了工作，也將一再遇到類似的狀況，最終才明白這是自己的問題。因此，建議你在換工作前，先評估一下是否是自己的問題。如果是，主動向別人釋出善意、改善人際關係，也許比換工作更加實際。

5-3 走出工作的逆境

創業十幾年來，很多人以為我們一路走來相當平順，其實大錯特錯。真實狀況是，我們一路經歷許多跌宕起伏，常過得頭皮發麻。順境大概占了三成，逆境則足足有七成。對網路創業者來說，逆境可以顯示在很多方面：營收不好、流量不好、毛利不好，反正在逆境時看見的所有東西，沒有一樣是好的。

當你處於順境，不只會得到關注，還會有很多人想認識你。但人生更多的是不順利的時刻，這些時刻往往是孤獨的，必須靠自己走出當下的困境。在谷底時，我們常常看不到往上爬出坑洞的可能，很多時候就是做這也不對，做那也不對。我知道這些時刻很難熬，因爲我也曾在那裡，這是所有待過谷底的人都知道的感覺。但知道是一回事，領悟又是另一回事。每次掉進谷底，我想，我們都還是會像第一次一樣驚慌失措，希望有個力量可以安住自己的心。

曾經有位職場前輩和我分享當他處於逆境時，安慰自己的方法，他說他會告訴自己：「事情不會再更糟了！」他發現，當別人對他的期望值很低，反而可以大膽地放手一搏，因爲很難讓別人再對他更失望了。當他這樣想的時候，心反而就能夠放開。

尋找有用的第三方意見

當我面臨困境時，我的習慣是趕快找有經驗的人聊一聊。或許他們不一定可以解決你的問題，但和他們說說話，很可能就此拉了你一把，因爲他們是從客觀的角度來看待你目前的困難。

這個習慣是我在學生時期就養成的，也曾幫助我度過非常困惑的大四時光。當我開始有轉領域的想法，心裡其實很慌。有天我想到一個方法，就是去搜尋所有轉領域的老師的聯絡方式，不管他們是否認識我，都一個個寄信給他們，詢問他們能否撥出三十分鐘，給我一點建議。也很感謝多數老師，都願意花時間見我這樣一個和他們扯不上太大關係的大學生。

當我和這些老師見面，我會說明我的狀況，接著詢問他們是否建議我轉換跑道。對於一個無助的學生來說，忍不住就會想丟出「是非題」，想請他們直接給答案。但是，我發現他們往往不會直接回答我的問題，而是用「申論題」的方式給建議，再把球拋回來要我自己決定。

的確，人生的問題只能由我們自己決定，在學校如此，在職場也是如此。若拿是非題去問別人，大概沒有人能夠給你滿意的回答，重要的是，他們可以從自身經驗給你一些建議和啓發，聽完這些建議，多半可以讓自己做決定做得更踏實。

一直到今天，我還是維持這個習慣，每當遭遇瓶頸或困境，就趕快尋求第三方意見的救援。如果你有職場導師，他們會是你的首要諮詢對象；如果沒有，找任何信任的職場前輩談談，相信都會爲你帶來很多收穫和啓發。

懷才不遇是常態，努力也不一定會成功

有一次我去看棒球，在球隊大幅落後的情況下，來到了第八局。這時，教練派出一位年輕的「敗戰處理投手」，我想這對他來說，一定是極爲難得的上場機會。他主投兩局，卻沒能止住攻勢，被打了九支安打，失掉八分。對方一支支的安打，讓觀眾席都安靜了。我覺得有點悲傷，但我想他本人一定更難過，練習多年，等的就是這一刻的機會。但世界就是如此，大家不會停下來等你，或因此手下留情。

小時候，我們學到了「有志者事竟成」，所以眞的相信努力就會成功。但每個人到了某個年紀，就會認清這其實不是眞的。這句話應該修正成，「努力不一定會成功，但不努力一定會失敗」。

雖然知道這個道理，但付出了相當的心力之後，依然得不到成功的感覺，確實很難吞下去。也不禁會想問，「爲什麼是我？爲什麼這麼倒楣？」其實我們都知道，成功需要運氣，不成功才是常態，只是這是容易理解，卻難以接受的道理。

在這些失落的時刻，我們都會有「懷才不遇」的悲憤，「不遇」不一定指的是沒遇到賞識你的人，更多時候是沒遇到賞識你的「大環境」。總之，就是天不時、地不利、人不和，一切都不對勁的感覺向你衝擊而來。

在職場一段時間，我慢慢領悟，有時眞的必須「順勢而爲」，若想逆勢改變，多數時候眞的很難。只要盡力，每天盡了最大的努力後，就好好去睡覺吧，剩下的交給天。我常有睡不著的問題，前輩給了我一張紙條夾在玻璃桌上：「謀事在人、成事在天，安心去睡吧！」

在我的經驗中，很多事情每部分單獨抽出來檢視，都對了，但放在一起看，就好像不太對。不對的部分你卻無從改變，因爲那是大環境的時機還沒到。有時，提案被否決、創業失敗、主管不信任，你以爲是自己的問題，其實不是，單純就只是周圍環境沒有配合到位，以至於無論做什麼都無法達到預期的成果。

因此，職場上還有一個很重要的課題：知道何時該先把事情「擱著」。「擱著」不代表放棄，而是繼續「積極等待」時機成熟，再重新來做這件事。

我們公司常常有這樣的情況：有人提出了一個想法，得到所有人的反對，但後來，同樣的想法在另一個時間點被提出來，卻獲得了所有人的支持。有這樣的「昔非今是」，難道是大家失憶了嗎？倒也不是，有時眞的就只是大環境的氛圍改變，同樣的想法在不同的時空背景下，大家的看法也因此大不相同。

我自己創業，也常常在「順」與「逆」之中翻轉。有時做得半死，依然得不到預期的結果，幾年之後回過頭看，發現只是我們做早了，也許後來某個消費行爲成熟了（例如智慧型手機的興起），當初覺得很難推行的事，竟然全都發生了。

如果你也遇到很不順利的狀況，有時不一定要硬去和環境對抗，學習小草隨風擺動，尋找好時機，等待恰好的時勢出現再正面迎敵，事情常常就變得容易許多！

走出谷底，比的是誰的氣長和意志力強

我曾經看過很多職涯掉到谷底的人，用盡方法想爬出來，只要不放棄，多數人在經過一定時間的努力後，都可以找到方法從谷底爬升。

我的一位朋友曾是大公司的高階研發主管，負責帶領兩百人的團隊，中年很有成就，之後卻被公司資遣。他的心情沉到谷底，也發現中年求職的困難。找不到和原本職務同等工作的他，只好先屈就在一間公司，當三人小部門的主管。但由於他的傑出表現讓人無法忽視，在新公司再度一路爬升，才經過三年，他就成爲新公司的技術長；甚至原本資遣他的公司還想再次聘用他，卻被拒絕。他和我說，反過來掌握主控

權、拒絕對方的感覺，還真是好極了。

我認識很多新創公司的創業者，多數人實際創業後，都會發現事情沒有想像中容易。但在我的經驗中，只要氣夠長，公司就足以做出足夠的轉型次數，終有一天會找到市場的甜蜜點。不過要做到這點，除了創業者要有足夠的意志力，公司也要有足夠的銀彈才能支持。

人是很需要「正向回饋」的動物，一般人在職場上能一直努力，是因爲持續得到各種正向回饋，可能是別人的一點鼓勵、薪資的調整，或是責任的加重，但順手牌人人會打，逆風牌就沒那麼容易。人在逆境時，往往是做了再多的努力，也很難獲得正向回饋，但正是這種時候，才是考驗意志力的大好時機。

堅持下去就是你的眞本事。因爲這正是大部分人無法做到的，也因此，你有更高的機率可以離開谷底。如果有這樣的堅持，相信有一天你一定可以走出谷底。

Q 一直有懷才不遇的感覺該怎麼辦？

A 這樣想的你並不孤單，職場上多數人都有這種感覺，公平從來不是組織裡的重點。有時，我們需要的只是更多的等待，之後自然能走出谷底。繼續堅持努力，也是對自己的一種鍛鍊。

Q 在逆境中如何自我調適？

A 逆境可能會占據我們職涯的很大一部分，因此，我們每個人都必須學會用自己的方法調適。很多人發現「運動」有很大的幫助，除了降低壓力，同時也讓自己更健康，是個好方法。

5-4 出現這些訊號，也許你該換個工作

大家都知道，賣股票最好賣在高點，但很少人知道，換工作也像賣股票，最好每次脫手都是在**公司發展最好**的時候，這對個人經歷才會有最大的加分效果。一般人看履歷其實很現實，你之前任職的公司狀況如日中天，大家就會覺得你很不錯；如果公司狀況不好，就算你再厲害，別人還是覺得你應該不怎麼樣。

可惜就像賣股票，多數人總是選擇在低點出手。這是因爲多數屬於上升段的公司，待起來都相當舒適，你會聽到各種好消息，感受到薪水福利的增加，再加上外界的一片看好，實在很難找到離開的理由。當公

司遇到逆境，感受到各種不好的消息，多數人自然會選擇離開。

當公司快撞上冰山，該趕快跳船嗎？

公司狀況不好的時候，多數人會急著跳船，因為再待下去，連自己的工作都可能不保。其實，公司投資者投入了資金，承受最高的風險，一般工作者的風險不會太高，最糟的狀況就只是失去工作。

公司遇到逆境的時候，其實是「亂世出英雄」的大好機會。我有個同學，他就利用了這樣的機會，在一年內三級跳。公司狀況不好，主管走的走、逃的逃，平時他不會有這樣的機運，但亂世時卻什麼都給他遇上了。當然，他也是憑著自己過人的努力，很快獲得公司高層的信任，先是派他拯救小部門、再接著拯救大部門。

如果你評估公司有機會重返上升段，其實不該離職，而是努力和公司併肩作戰度過危機。如果公司重回榮耀，一起走過逆境的員工，對老闆來說就像當初一起創業的夥伴一樣，是有革命情感的自己人。

當然，你還是該設下停損點，如果完全看不到公司成功的機會、預期公司將無止境下滑，那不如趁熱情被磨光前，早點投身其他公司，好好發揮自己的熱情。

跟上錯老闆，能逃就快逃

選對公司很重要，選對老闆其實也一樣重要。偏偏，多數公司沒辦法讓你選老闆。

好老闆不一定對你最「溫柔」，但他絕對是帶領你職涯成長的貴人。他可能對你很嚴格，會要求你、唸你，但當你回過頭來看，會覺得自己的工作有價值，也因此變成更好的人。在真實世界中，好老闆是瀕臨絕種的動物，所以不要強求自己跟上一百分的老闆，但至少你跟的老闆該有個七十分，否則，最後往往是跟著老闆一起在職場迷失。

如果你的老闆連七十分都不到，短期內也無法調部門或改變現狀，那無論你在一間多厲害的公司，還是建議你趕快逃離這個職務，因為這比身處在錯的職位還要糟糕。也別期望有天老闆會改變，一定年紀的人通常很難改變。趕快逃吧，你要知道，老闆正在阻礙你的發展。

下次面試時，請記得確認未來誰是你的直屬主管，你可以從言談間，了解他是如何看待部屬與工作。**選擇跟隨對的主管，和選擇加入對的公司，兩者同等重要**。很多在職場取得高成就的人，最厲害的能力並非在工作本身，而是始終可以跟上對的老闆。

我有位朋友是高階主管，過去二十年，他始終把兩位能幹的部屬當成自己人，無論去到哪裡，這兩個部屬就像影子一樣，跟著他形影不離。這位高階主管一路高升，兩位能幹的家臣自然也飛黃騰達。我曾問這位主管，這兩個人有什麼特殊能力，他坦白地告訴我，他們不是最有能力的下屬，卻是他最信任的人。他知道就算他不在，他們也會好好執行他想進行的事。

問題多半在自己，換到哪裡都一樣

有些人每次遇到工作挫折，就選擇換工作，最後會發現，無論換到哪都一樣。他沒意識到的是，其實多數的問題來源就是「自己」。

我有個朋友，畢業十年換了十多份不同的工作，每次離職的原因都大致相同，就是和團隊相處不融洽。但每換一份工作後，過段時間，類似的問題又會再度發生。終於，在換了這麼多工作後，他有了一個體悟，原來問題出在自己。他說話和做事的方式，總是會讓身邊的人感覺不舒服。

職場關係就和其他關係一樣，很難要求別人改變，但我們永遠可以從自己開始改變。當我那位朋友認知到自己就是問題的根源，他告訴我，他忽然鬆了口氣。過去，他一直認爲是自己運氣不好，沒能找到好公司，現在，他發現**只要改變自己，每間公司都是好公司**。

職場上，挫折是常態，但多數挫折可以度過，不一定得靠換工作解決。當遇到自己無法解決的挫折時，可以試著和主管討論，好主管有義務協助你解決你遇到的困境。

• • • • •

Q 多常換工作是可接受的？

A 每個人的標準可能不同，以我來說，可以接受的最短時間，大概是在每份工作待兩年。兩年不算很短的時間，這也代表，找工作時得更加謹慎，不要接受一份自己不喜歡的工作。

• • • • •

Q 當公司存在我無法解決的問題時？

A 每間公司都有很多問題，也並非所有問題都一定要被解決，很多問題隨著時間就會過去。如果你把環境的及格標準訂在九十分，那可能會很辛苦。如果這些都是你無法改變的事，不如把及格標準降低到七十分，會開心很多。

5-5／每個經歷都是未來的種子

我常常在工作中，卡在某個問題或瓶頸好長一段時間，我以爲那段時間白白浪費，但事後來看，才明白它是有意義的。

你曾覺得自己在某個工作浪費時間嗎？也許你覺得這個工作日復一日、年復一年，自己好像沒什麼長進。這時請不要灰心氣餒，因爲在未來的某個當下，你才會發現這些路並沒有白走，它們對你的未來一定有某些重要性。

我們在職場上一路打滾，也許笑過、哭過，做過一些蠢事、遇過壞老闆、壞同事，種種經歷，沒有任何一項是白白挨受。它們的存在，都是爲了某個我們現在不知道的意義，之後有一天，我們才會看到這件事的價值。

為自己的未來種下種子

幾年前，我決定在網路媒體上分享一些對於創業的想法。我發現，每個月寫一篇文章發表，對我這個創業人來說，是一個省思的機會。我可以把當下創業的一些想法記錄下來，和對創業有想法的人分享，是很愉快的一件事。

寫了很長一段時間後，我發現關於創業的題材，該寫的也差不多寫完了。於是，去年我開始給自己一項新的挑戰：在網路媒體每週發表一篇對於職場的看法。說眞的，我上班沒多久就開始創業，或許不是最適合分享這些經驗的人，因此，一開始我也很懷疑自己究竟能不能扮演好這個角色。

但發表了幾篇文章後，我發現反應還頗熱烈。「正向回饋」讓我越寫越起勁。講完自己的故事，我開始去訪談眞正的「專家」，開始寫別人的故事。這本書中的很多故事，都是在那段期間的訪談中來的。

我沒意識到的是，我在網路媒體發表的這些文章，也爲我種下了一些種子。它們吸引了出版社編輯的注意，才邀約我寫了這本書。

我過去有寫書的經驗，也明白這需要一定時間的投入。對於我這樣一個正在創業的人，是否該花時間來寫書？連我自己都爲這個問題打了問號。但太太鼓勵我不該「錯過」，她認爲我應該爲未來種下一些種子。雖然我不知道發芽後會長出什麼，也不知道打下這件事，它會帶我到哪裡去，但它一定會在未來發揮某種意義。

職場不公平，但每天都可以讓自己變得更好

小時候我非常在意公平，所以初入職場時，特別能感受到職場的不公平。

第一個不公平，是大家的工作時間都差不多，卻領著不同的薪資，

你說這眞的公平嗎？如果繼續延伸，會發現周圍有千百個不公平。爲什麼是他得到晉升而不是我？爲什麼有人擺爛，老闆卻看不到？唯一的合理解釋，就是職場不是個「求公平」的地方。

人天生就是比較的動物，如果不和別人比，就會覺得渾身不對勁。但在職場上，眞的不要沒事和別人比，那只會讓你血壓升高。眞的要比，就和自己比。你可以，也應該不斷和自己比，只要明天的你贏過今天的你，那就是一種正向回饋。多數的正向回饋，不是我們可以掌握的，但讓今天的自己比昨天更好，絕對是能夠做到的。

尤其當你在職涯低谷期，更需要這樣的回饋，看到自己一天比一天更好，就會有力量起床面對新的挑戰。無論你在職涯的哪一個階段，如果看完這本書，能帶給你一點點正面的力量，我就會相當開心，寫這本書也算有了點小小收穫。

回到初心，有時候要「相信」，才會「看到」

你的未來要走去哪裡呢？想想未來十年，你想變成什麼樣的人？回推到現在，你需要學習及擁有什麼樣的技能？如果你這麼做，永遠會很忙，因爲你會發現有太多事需要準備，時間保證不夠用。

回到初心，想想那個剛進入職場，傻傻但充滿幹勁的自己。也許過了一陣子，你已經遍體鱗傷，甚至把自己僞裝起來，變成自己都快不認識的人。也許，你有時會陷入好像什麼也改變不了的負面情緒。我也曾掉進那樣的漩渦裡，而逃出來的唯一方法，就是「相信自己可以」。不只是「可以」，而且是「一定可以」。

相信自己值得擁有更好的生活，相信自己可以在職場上發光發熱。無論別人給你什麼樣的負面評論都不要相信，只要相信自己：我可以克服困難，一天比一天更好。

世界上有太多人需要等到、看到，才願意相信。但**在職場這個馬拉**

松賽道，有時你需要先相信，才會看到。當你看到未來十年，你會在一個更好的地方，其實你的夢想就已經完成一半了。

相信可以到達，你就會到達。

・・・・・

Q 如何找回初心？

A 閉上眼睛，想想自己剛畢業時，對於出社會的憧憬和期望，想想那個單純的自己，初入職場你有什麼樣的抱負？那些想法其實從來沒有改變，只是隱藏在我們內心深處，我們還是當初的那個自己，只是有時候需要被喚醒。

・・・・・

Q 如何讓自己變得更好？

A 把握每個學習機會，把所學應用在工作上。例如，你花時間看了這本書，也是對自己的投資，這樣的投資，也該換取一點收穫。如果這本書給了你任何的啓發，請趕快起身去行動，每一份小小的累積，都是在成為更好的自己。

•••••

Eurasian Publishing Group
圓神出版事業機構
用心與你對話・網野無限寬廣
方智出版社
Fine Press
www.booklife.com.tw
reader@mail.eurasian.com.tw
生涯智庫 212

至少努力當上主管一次吧：站高一點，擁抱職場新視野

作　　者／郭家齊
發 行 人／簡志忠
出 版 者／方智出版社股份有限公司
地　　址／臺北市南京東路四段50號6樓之1
電　　話／（02）2579-6600・2579-8800・2570-3939
傳　　真／（02）2579-0338・2577-3220・2570-3636
副 社 長／陳秋月
副總編輯／賴良珠
主　　編／黃淑雲
專案企畫／沈蕙婷
責任編輯／李亦淳
校　　對／胡靜佳・李亦淳
美術編輯／林韋伶
行銷企畫／陳禹伶・蔡謹竹
印務統籌／劉鳳剛・高榮祥
監　　印／高榮祥
排　　版／莊寶鈴
經 銷 商／叩應股份有限公司
郵撥帳號／18707239
法律顧問／圓神出版事業機構法律顧問　蕭雄淋律師
印　　刷／祥峰印刷廠
2023年5月　初版
2023年7月　5刷

定價 330 元
ISBN 978-986-175-741-4

大家聽到「升遷」，第一個可能想到加薪可以帶來幸福，但影響幸福度的其實是自主權。

在公司地位較高的人，他們擁有的自主權當然也比較大，能自由地控制工作進度。雖然工作內容的難度較高，但大多可以按照自己的步調進行，也不太需要勉強自己跟討厭的人相處。然而，地位較低的人不但沒辦法隨便變更交期，也無法自由選擇工作的內容，自己能夠控制的範圍狹小，因此無法調節壓力，結果導致幸福度下降。

——《換個工作，更好嗎？》

國家圖書館出版品預行編目資料

至少努力當上主管一次吧：站高一點，擁抱職場新視野 / 郭家齊著. -- 初版. -- 臺北市：方智出版社股份有限公司, 2023.05
240 面；14.8×20.8公分 --（生涯智庫；212）

ISBN 978-986-175-741-4（平裝）
1.CST：生涯規劃　2.CST：職場成功法

494.35　　112003520